U0142651

永續之殤
——從高雄氣爆解析環境

周桂田　主編

周桂田、陳吉仲、趙家瑋、許惠悰、莊秉潔
沈健全、杜文苓、蔡宏政、歐陽瑜、洪文玲
詹長權、翁裕峰　著

五南圖書出版股份有限公司

推薦序一
串連高雄地下水道的大炸彈

　　在多災多難的臺灣，這本《永續之殤─從高雄氣爆解析環境正義與轉型怠惰》確實是能夠喚醒臺灣居民的一本好書，周桂田主任與另外十一位學者專家們對臺灣目前的環境正義與經濟轉型做了深入的分析與具體的建議，值得大家細細地閱讀。

　　高雄氣爆是一個非常不幸的化學大爆炸，輸送丙烯管線破損的位置，剛好曝露在高雄地下水道系統之一段，由於當時輸送與接受丙烯的兩家公司員工的誤判，竟把三十多公噸的丙烯送進了高雄地下水道系統與涵管之內，把高雄的地下水道系統的龐大的空間變成一個串連在一起的「大炸彈」。當水道系統內的丙烯濃渡達到「閃點」後，這整個水道系統便似乎只能等著發生氣爆的最後結局。畢竟我們沒有能力在短時間內把充滿水道系統的丙烯與空氣的混合物稀釋或清除掉，我們只見證到三十多公噸的丙烯製造出來的「地下水道大炸彈」有多大的威力。

　　氣爆發生後，臺灣各界不斷發出了指責檢討聲浪，從負責輸送與接受丙烯的技術人員的專業訓練的不足、密集於高雄市區地下的各種油管的佈局與管線的缺失、犧牲生態環境與人民福祉的以經濟掛帥的社會發展模式、年輕人對他們的未來失去信心、與不食人間煙火的高層政府官員的冷血與無能，都是大家熱烈討論的話題。

　　今年年初，天主教的教宗曾有感而發地說過，科學與技術的進似乎沒有把世界上最底層的飢餓與貧窮的十億人帶出困境，

卻製造了一群億萬富翁。我們的人類社會不該這麼不公不義，更不該這麼冷漠。在另一個國際會議裡，曾獲得諾貝爾經濟獎的史蒂格立茲教授（Joseph Stiglitz）也發出怨言，他們引以為豪的美國社會在過去不久的歲月裡漸漸地從「一人一票」的民主、法治、人生而平等的美好社會，走入「一元一票」的金錢掌控的不理想的境地。在時代巨輪滾動中被偏遠化的臺灣，到底何去何從？

人類社會正在急速地轉變著，臺灣似乎也沉淪得更快速。在過去的半個世紀之內，由於人口暴增與人均消耗的大量增加，我們的地球已不勝負荷。溫室效應帶來的氣候變遷，尤其是極端氣候的惡化，正威脅著人類社會在地球上的永續發展，物種的快速消失也會帶給人類滅絕的可能。在這有限而已過度開發的地球上，人類社會過去發展的模式確實需要深度的檢討，臺灣不能隨波逐流。

我相信這本《永續之殤—從高雄氣爆解析環境正義與轉型怠惰》將會是促進臺灣轉型的一股巨大的力量。謹在此對本書的作者群表示最大的敬意。

李遠哲

2014年10月12日

推薦序二

　　高雄氣爆是臺灣近三十年來最嚴重的工業安全與公共安全事件，帶給我們社會相當寶貴的一課，值得我們在相關的管制規範、產業發展、政府治理與社會覺醒等轉型與改革上，進行新的規劃與變革。事實上，從國際上的經驗我們可以看到，許多國家也曾歷經相關的事件衝擊，而能藉此深刻地學習調整，透過痛定思痛的反省，重新凝聚整個社會永續發展的方向。這是刻不容緩的關鍵時刻，需要大學知識份子的投入，提供國家重要發展方向的理性思辯與建言。

　　本校師生除了在學術上追求卓越精進外，我們更應該重視社會責任，希望我們能進一己之力，讓社會往正向走，這是臺大責無旁貸，必須要負起的使命。所以，當本校社會科學院風險社會與政策研究中心邀請我為《永續之殤—從高雄氣爆解析環境正義與轉型怠惰》一書寫序並推薦時，我非常樂於接受。樂見本校的研究中心願意扮演社會關懷、社會責任的實踐，期待藉由此書來重新思考我們國家永續發展的方針。

　　此書於高雄氣爆發生後一百天出版，就氣候變遷、能源消耗、產業轉型、健康風險與政府治理等重大社會轉型視角切入，集結了本校與其他各校優秀的學者來書寫，就此次氣爆提出建言。除了倡議永續治理在當前的重要性，本書亦凸顯褐色經濟將受到氣候變遷公約制裁的隱憂，須要及早未雨綢繆，使得國家、產業與社會進行大步地典範轉移與前瞻發展。

　　事實上，在全球劇烈氣候變遷威脅下，各國都面對排碳、能

源、產業經濟轉型的高度挑戰；我們必須正視當今以經濟發展為導向，尋求各方責任間的平衡。而治理轉型是條需要互相磨合、調整，並經過不斷陣痛的必須之路；唯有此途，才可因應今日鉅變時代的各種衝擊。我們必須找出面對全球挑戰的因應之道！

衷心期盼學術同仁與本校研究中心可以承擔國家與社會賦予的責任與使命，引領社會轉型，促進人類與環境永續發展，本人亦將全力予以支持。

臺灣大學校長

楊泮池

主編序

　　高雄氣爆事件凸顯的不只是工業安全問題，而是整個國家與社會面臨系統性風險與結構轉型之挑戰。這個挑戰相當嚴屬，綜合全球化各種風險因子與威脅，牽涉到臺灣下一個十年到三十年的生存與走向；其直指能源轉型、氣候排碳轉型、產業轉型、社會永續轉型、以及政府治理轉型的鉅變挑戰，而這些正值圍繞於全球邁向綠色、低碳社會的驅動與競爭中。

　　過去十多年來，臺灣面臨多起SARS、戴奧辛汙染、狂牛症牛肉爭議、疫病傳染威脅、食品汙染、七二洪災、八八風災、宜蘭大水及高雄氣爆等事件；國際上則有日本福島核災、全球氣候劇烈變遷（巴西洪災、泰國洪災、澳洲洪災）、能源轉型、低碳經濟轉型。換句話說，我們在本土上不僅面臨各種食品、疫病傳染、工業安全與環境汙染風險，且在全球跨境氣候變遷威脅下面臨很多經濟、社會挑戰。

　　然而，十多年來新、舊政府在風險治理與決策上卻相當侷限，無論在思維或制度上都缺乏典範性的治理變革；其長期以舊有思維決策、遲滯變革的結果，不但造成落後於世界主要國家的系統性的風險，使得產業、社會與國家缺乏競爭向上動力，也嚴重的造成環境不正義、土地不正義與世代不正義。這些表現在紛擾不斷之政府與民眾對峙的不信任危機，也是臺灣轉型得過或轉型不過的發展危機。

　　面對這些深沉的結構性問題，我們需要停下來思考，什麼是我們要的社會？

　　我們需要邁開腳步，進行典範轉移。

　　而這場戰役，不僅是在地，也是東亞、全球社會面對耗竭資源的經濟結構之拔河；掠奪性資本主義所造成1%對立於99%，不斷蹉跎永續、世代公平的典範轉移腳步。我們已經蹉跎十多年了，何能再耽擱。

　　臺灣社會，要善盡全球公民責任，應當努力於面對挑戰，創造本土第二次的永續發展運動！這次的氣爆危機，也是臺灣轉型的契機！

臺灣大學社會科學院風險社會與政策研究中心

周桂田

目　錄

作者簡介

第一部分

周桂田，德國慕尼黑大學社會學研究所博士，任職於臺灣大學國家發展研究所，並擔任臺灣大學社科院風險社會與政策研究中心主任。

陳吉仲，美國德州農工大學農業經濟學系博士，任職於國立中興大學應用經濟系。

趙家緯，臺灣大學環境工程研究所博士，綠色公民行動聯盟理事。

第二部分

許惠悰，美國德州農工大學土木工程學研究所博士，任職於中國醫藥大學健康風險管理學系。

莊秉潔，美國加州（洛杉磯）大學博士，任職於中興大學環境工程學系。

沈健全，國立台灣海洋大學河海工程研究所畢業，任職於高雄海洋科技大學海洋環境工程系暨研究所。

杜文苓，美國加州柏克萊大學博士，任職於國立政治大學公共行政學系。

第三部分

蔡宏政，美國紐約州立大學賓漢頓校區社會學系博士，任職於國立中山大學社會學系。

歐陽瑜，臺灣大學資訊工程學系博士、國家發展研究所博士，任職於臺灣大學社會科學院風險社會與政策研究中心。

第四部分

洪文玲，美國密西根大學造船及輪機工程博士，任職於高雄海洋科技大學造船工程系。

詹長權，美國哈佛大學公共衛生博士，任職於臺灣大學公共衛生學院職業醫學與工業衛生研究所、台大公衛學院副院長。

翁裕峰，英國威爾斯卡爾地夫大學社會科學院博士，任職於成功大學醫學、科技與社會研究中心。

第一部分
褐色經濟與氣候變遷公約制裁

第一章

永續轉型之痛——正視高耗能高排碳產業對臺灣的挑戰

周桂田

一、說好要永續呢

近二十餘年來臺灣政府雖然隨著國際綠色公約要求，逐步調整永續經濟與產業政策方針，在現實的產業擴張上卻不斷發展與規劃高耗能與高排碳石化業，並在不同階段引發重大的社會抗爭。而即使面對國際減碳與國內環境運動雙重壓力，但仍然遏止不住新興工業化國家經常以擴充能源密集產業、尤其可製成各種民生必需品之石化業為主要快速經濟擴張手段。

當我們跨年比較石化業、能源密集產業、工業部門之能源消耗、二氧化碳排碳、能源密集度與GDP貢獻，可以看到，近十餘年來石化業的能源消耗與排碳占全國比例節節升高，並帶動全國的增長；然而，其GDP的貢獻比例並沒有增加，反而一直維持在低的平盤水準。換句話說，其顯示十餘年來石化業大部份仍然停留在耗能性的低附加價值產品，並未積極轉型。對長期能源高度依賴的臺灣，其除了為造成國內高耗能、高排碳之系統性成因，其長期以來未變革的結果，也結構性的造成臺灣產業轉型困境的問題所在。

這些現象顯示，臺灣政府20年來實際上並未為了因應氣候變遷公約要求，積極調整國內產業結構朝向較少耗能、較少排碳的高值化方向發展。

說好要永續呢？

二、褐色經濟：持續上升的耗能結構

臺灣由於缺乏天然資源，近20年來將近98%的能源自國外

進口，進口能源依存度相當高。其分別為97.68%（2011）、97.76%（2010）、97.52%（2009）、97.50%（2008）、97.48%（2007），並且隨著經濟的成長進口能源數節節上升。近幾年來實質的進口能源數為135,372千公秉油當量（1000KLOE）（2011），139,704千公秉油當量（1000KLOE）（2010），133,398千公秉油當量（1000KLOE）（2009）。

　　相應於高度依賴能源進口，在能源消耗結構上，由圖1-1中可以看到，自1990年以來近20年臺灣能源消耗數節節上升，而自1995年以來除了運輸部門、服務業部門與住宅部門穩定的些微上升之外，主要帶動能源消耗大幅成長的為工業部門；工業部門能源消耗在2000年超越45%占比、在2005年接近50%占比、在2009年占比為52.5%、在2010年占比高達53.61%。這些趨勢顯示，臺灣的能源消耗隨著工業部門的成長而大幅增加，而其中耗能的產業又是帶動能

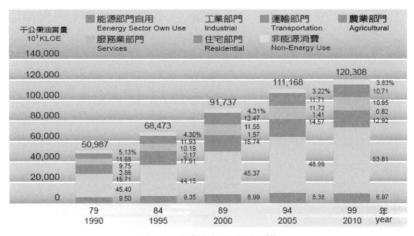

圖1-1　產業與能源消耗結構

資料來源：能源局

源消耗及二氧化碳排放增長的主要原因。並沒有依照前述重要的氣候變遷減碳政策及產業結構調整規劃，進行明確的轉轍，反而背道而馳。

三、褐色經濟：持續上升的排碳結構

臺灣在1990年CO_2排放總量為108,000,000噸，在2000年CO_2排放總量增加至207,500,000噸，2004年增加至237,000,000噸，2008年臺灣二氧化碳排放量為242,000,000公噸，2011年排放量繼續升高至251,000,000公噸，占全球1%以上。這些顯示，近20年來CO_2排放量增加為116%到137%之間，年平均成長率超過4.9%。2008年人均排放量達11.47 ton CO_2，占第18名。2010年CO_2人均排放量升高至11.53噸，排名更提升至全球第16名；而在5百萬人口以上國家，臺灣更名列全世界排碳國家第六名（IEA 2012）。

一旦國際氣候變遷公約啟動制裁，臺灣絕對名列制裁對象之一。

雖然政府部門已經意識到，臺灣需要從過去的褐色經濟轉向綠色經濟，行政院經建會並在Rio+20會議之後成立綠色經濟推動小組（劉兆漢2012），但現實面來看，能源進口、製造業之能源消耗、以及二氧化碳排放量卻節節升高。

圖1-2可以觀察到1990-2011各部門排放累積趨勢，1990年、2000年臺灣工業部門分別占全國CO_2排放約45%強；然而，2007年臺灣二氧化碳總排放量增加至254,116,000公噸，工業部門則達

119,886,000公噸,占比升高至47.17%;此後則一直維持此比例,2011年占比接近48%。

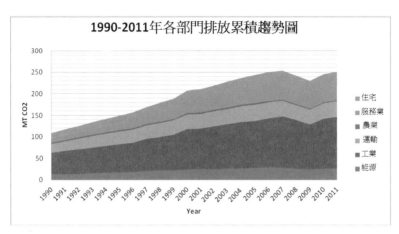

圖1-2 1990-2011各部門排放累積趨勢圖

資料來源:經濟部能源局,作者自行製表。

明顯的,除了2008、2009年全球經濟不景氣造成全國二氧化碳總排放量些微下降之外,臺灣21年來二氧化碳排放量節節上升。其中,圖1-2顯示,工業部門為帶動全國總排放量之主因,其於2007年達到高峰,2008、2009年全球金融海嘯與經濟景氣下滑,導致排放量下降,復於2010年後再次升高排放量至今;而其帶動全國總排放量發展曲線相當明顯。

四、褐色經濟:誰為帶動排碳的主因

同時,圖1-3更清晰的對應顯示,化工業為帶動工業部門二氧化碳排放增、減的主要部門;2007年化工業二氧化碳排放量達到高

峰，達44,895,000公噸，2008、2009年下滑，復於2010年至今再次升高排放量，而總體的帶動工業部門、全國的總排放量發展。

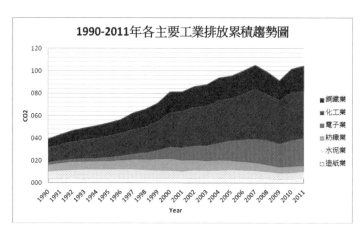

圖1-3　1990-2011年各主要工業排放累積趨勢圖

資料來源：經濟部能源局，作者自行製表。

　　而圖1-4 1990-2011年七大耗能產業之排放累積趨勢圖，則一步的表現出，化工業中的化學材料製造業（石化業）根本上才是帶動化工業、工業部門、全國總排放量增、減的主要原因。石化業二氧化碳排放量從2000年開始躍升至23,369,000公噸，並一路向上發展，在2007年到高峰37,447,000公噸，2008、2009年因為全球經濟不景氣下滑，2010年至今回復排放量。

　　也就是說，石化業二氧化碳排放量升、降的發展曲線明顯的影響工業部門，進而影響全國總排放量的發展。

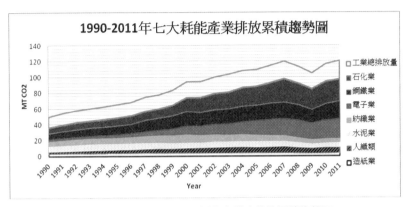

圖1-4　1990-2011年七大耗能產業之排放累積趨勢圖

資料來源：經濟部能源局，作者自行製表。

五、產業貢獻與經濟戰略再升級

　　從能源消耗的角度來看，臺灣高度依賴化石能源進口，相對的卻有完整規模的石化工業體系；其上、中、下游相關產業自1980年代起產業的產值和員工人數約占製造業的1/3，出口值也占全國出口總值的1/3，一度成為最大的製造業體系。

　　石化業雖然曾經在臺灣經濟發展過程中扮演重要的基礎工業角色，值得肯定，但其高耗能、高排碳的製造業特質，與臺灣高度依賴能源進口結構相互矛盾。特別是，加上長期以來政府進行能源補貼，造成經濟不正義。同時，其高耗水、高汙染，與臺灣人口密集結構相互矛盾，這是環境不正義。

　　而另一方面，2000年之後，化工業的產值在製造業部門逐步地滑落到不到16-19%的占比，而由於其耗能的需求，二氧化碳排放量卻仍然一直是製造業部門最大的占比者，在2009年高達37%。

從今天全球朝向低碳經濟與低碳社會之國家經濟產業再升級的角度，這是國家經濟安全與戰略的重大議題。

從轉型正義的角度，我們也需要重新審視臺灣的經濟社會發展。過去，三十年前為了拼經濟，沿用了瘦鵝理論，大量的剝削勞工與環境。雖然，達到一定的經濟成長，但也帶來千瘡百孔的社會與生態失衡。或許我們可以說，過去將就為了經濟起飛，而勉強暫時容許各種扭曲的社會經濟體制；但三十年後，全球的經濟社會發展型態已經大為變遷，我們還可以容許此種落後、沉溺於不正義的能源補貼、租稅補貼、環境成本外部化等嚴重尋租（rent seeking）的經濟型態存在嗎？

此種維持現狀之落後思維，將為阻礙臺灣大步朝向全球綠色消費、永續與社會公平的創新經濟之最大絆腳石。

六、延宕30年的發展路線之爭

由於石化產業為高耗能、高汙染、高耗水製造業，在1980年代初臺灣政府內部曾經一度有著或「以內需需求為主」的政策路線之爭（經建會，1980）。後者以當時行政院長孫運璿、經濟部長趙耀東為主，認為依照臺灣的能源、人口與國土結構，應當學習日本在1960年代末放棄低附加價值的石化業、而改採以內需需求為主、毋需進口與耗用這麼多能源的高值化石化業（經建會，1980；瞿宛文，2001, 2011）。

然而，顯然，以俞國華為主「擴大石化工業」取得勝利，隨著1980年代中期經濟自由化及政治經濟關係的演變至今，低附加價值的石化業擴充一直成為主流；直到2011年中8輕設廠案受到強大社

會抗爭，政府才正式宣布臺灣石化業發展需轉向高值化方向（經濟部工業局2011國光石化環評後經濟部新聞稿）。

擴大石化工業，需要進口大量原油提煉乙烯，作為上游原料。然而，在提煉乙烯的過程卻附帶的生產大量的石油產品。從民間台塑六輕石化產品的資料顯示，在2008年及2009年汽油有六成是外銷，柴油高達九成，而石油化學品（包含乙烯等產品）亦有8%的外銷，（陳吉仲，2011）。這代表其在石化製造業上，並沒有明顯的進行朝向高值化的研發與市場投資，雖然其持續拉高能源消耗與排碳，等於持續坐享能源及環境成本外部化，與社會總體永續發展相矛盾。

轉換一個角度來看，如果臺灣政府徹底的進行石化業朝向高值化轉型，像新加坡裕廊島一般，**附加價值高的石化產品就不需要提煉這麼高額的乙烯來作為原料，也就不需要耗用這麼多的化石材料。一方面，可以大幅度降低國家高度依賴能源進口的經濟安全問題，另一方面，可以減緩國際公約對高排碳國所有產業制裁的經濟不正義。事實上，臺灣產業總體碳足跡太高，也不利於國際低碳市場之出口競爭。**

並且，整個社會也不用再陷入在能源補貼的扭曲結構，而令提煉高額度乙烯附加的石油產品生產者坐享暴利。更不用說，其高汙染、高耗水所造致的環境成本轉嫁為民眾的健康風險，以及長期水資源爭議所造成農民搶水與地層下陷等高度不永續問題。

根本上來說，缺乏溫室氣體排放總量管制的產業政策，導致近20年來任由民間不斷持續發展耗能、低附加價值石化業，進一步造

成臺灣產業結構在強大的政經壓力下，轉型怠惰與困難。

七、石化業與能源密集產業能源消耗

從能源消耗及能源密集度對應石化業對GDP的貢獻，將可以更清晰的掌握臺灣高排碳產業與永續發展的衝突。

從圖1-5中我們可以明顯看到全國工業、能源密集產業[1]、石化業（化學材料工業）三者間之能源消耗趨勢與對比[2]。若將作為石化工業製品原料使用重新加進統計（加入工業、轉變及能源部門，作為石化製品原料統計），我們可以看到工業部門占全國能源消耗比例自2000年來逐步爬升，接近50%。而其增減很明顯的受到歷年能源密集產業消耗能源比例曲線的影響。

其中，特別是石化業自1998年對能源的消耗開始呈現一定幅度的上升，在2000年至2001年由16.34%躍升為22.63%，自此之後能源消耗一路上升。而這樣的觀察，相當接近我們分析二氧化碳排放量增加的曲線變化。

同時，石化業在2007年能源消耗再次幅度性的從2006年的24.09%增加至27.79%，並持續攀高到2010年的29.50%。由圖中我們可以很清晰的看到，其增加消耗能源曲線在2001年之後，包括2007年、2010年、2011年的上升與下降，帶動了能源密集產業之能源消耗發展曲線，也帶動全國製造業之能源消耗發展曲線。而這些重要在不同時間點的上升曲線，也相當符合前述各階段石化廠擴廠運轉的時間；並且，同樣的符合各階段二氧化碳排放量之升降時間點。

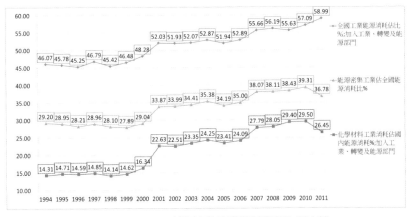

圖1-5　1994-2011能源密集產業能源消耗比例比較

資料來源：經濟部能源局，作者自行製表
單位：loe/thousand TWD

八、石化業之高額能源密集度

　　從能源密集度來看，這些對應發展趨勢與時間點也相當吻合。特別顯著的是，石化業之能源密集度自1999年之91.27 loe/thousand TWD攀升至2000年之104.70 loe/thousand TWD，對應性的造成其二氧化碳排碳激增（圖1-6），當時為台塑六輕1期完工運轉、台塑輕油裂解1廠完工運轉。

　　2001年石化業之能源密集度大幅增加至153.33 loe/thousand TWD，當時為2000年台塑輕油裂解2廠運轉、六輕2期完工、台塑PS六輕廠完工。2001年其為同年全國能源密集度之16倍；2008年達到最高峰155.65 loe/thousand TWD，為同年全國能源密集度之18.7倍。2011年仍然維持在135.51 loe/thousand TWD，為同年全國能源

密集度之17.9倍。

同樣的，其曲線變化也明顯的帶動能源密集工業、甚至全國能源密集度之發展。這些趨勢顯示，石化工業利用單位能源轉換為GDP的成效愈來愈低，導致能源密集度仍然偏高。從另外的角度來看，顯見石化工業在這近20年來沒有在技術上提升，仍然維持低值化、高耗能生產模式。

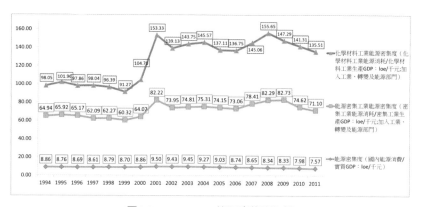

圖1-6　1994-2011能源密集度比較

資料來源：經濟部能源局，作者自行製表

九、石化業消耗能源與對全國GDP貢獻不成正比

進一步比較來看，石化業為最主要的能源密集產業，其能源消耗占比非常高，對全國GDP的貢獻也與耗能情況不能相比。由圖八來觀察，值得注意的是，石化業其耗能比例在2000年至2001年由16.34%躍升為22.63%，GDP貢獻僅由1.38%提升至1.40%。

同時，2007年耗能比例一舉升高到27.79%，但對GDP的貢獻比例僅由前一年1.54%提升至1.66%；2008年耗能比例維持在28.05%，但相反的其對GDP貢獻卻陡降至1.50%；2009年雖然GDP的貢獻恢復至1.66%，但2011年又降為1.48%。

從另外的角度換算，在2011年石化業占工業部門能源消耗之44.84%，更占能源密集產業能源消耗之71.9%，但實際上我國能源密集產業僅占GDP總額的3.91%，石化業更只占1.48%而已。簡單的說，近十餘年來石化業消耗能源比例節節上升，但對全國GDP貢獻非常不相當。

在CO_2排放與GDP的貢獻比較方面，對照石化業的能源消耗增長趨勢，同樣的，石化業CO_2排放在2000年開始陡升，在2001年達到25,336,000公噸，而GDP僅由1.38%提升至1.40%。2,007年隨著耗能的增加，石化業CO_2排放拉到歷史新高，達37,447,000公噸，而GDP貢獻比僅由前一年1.54%微升至1.66%。2008年之後，其排碳略為下降，但GDP貢獻比雖稍有波動，但變化仍然不大。

這些現象顯然指出，自2000年以來，石化業雖然逐步提升消耗能源與碳排放的比例，但其貢獻全國GDP的比例不但不高，且一直維持在低度的貢獻率，並未能增長。即使從2000年其開始拉高能源消耗與排碳，並且一路上升，在2007年能耗與排碳幾乎各別為1999年的兩倍，但對GDP的貢獻比一直維持在平盤。很明顯的，可以看出其能源消耗、碳排放與GDP貢獻間，有高度的不平衡。

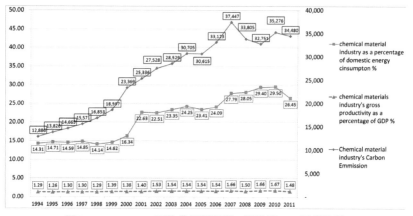

圖1-7 1994-2011石化業能源消耗、碳排與GDP貢獻比較

單位：百分比、千公噸

資料來源：主計處，作者自行製表

十、邁向永續轉型之痛

進一步深入地考察20多年來產業耗能、排碳之發展結構，我們發現，現實上高排碳、高耗能、低附加價值的石化產業不僅僅與永續發展典範高度背離，而且已經形成系統性的成因與問題，造成臺灣產業結構轉型的困境。系統性的成因在於，從跨年度的統計圖中清晰的看到，一路上，尤其2000年以來，在能源消耗上，石化業明顯的驅動能源密集產業及全國工業之能源消耗持續升高，同時也反映在石化業自2000年能源密集度的陡升，並驅動能源密集產業與全國能源密集度的升高。

而這些系統性的成因，從長程的角度來看，也變成了結構性的

問題。若跨年比較石化業、能源密集產業、工業部門之能源消耗、能源密集度與GDP貢獻，可以看到，近十餘年來石化業的能源消耗占全國比例節節升高，並帶動能源密集產業與工業部門的能源消耗之全國占比；然而，其GDP的貢獻比例並沒有增加，反而一直維持在平盤。

換句話說，石化業愈趨耗能，但與對全國GDP貢獻的增長脫鉤，同時對全國GDP貢獻更不成比例。從另一個跨年度觀察我們也看到，近十餘年來工業部門對GDP貢獻的逐步增加，與石化業在某個程度上脫鉤；當石化業對GDP的貢獻比例維持平盤或下降時，工業部門GDP的貢獻比例卻逐步上升，或者相反。

石化業長期以來GDP貢獻比例，並沒有隨著其耗能持續的增長而有幅度性的變化，顯示十餘年來其大部份停留在低附加價值產品，並未積極轉型。**亦即，其除了為帶動臺灣高耗能、高排碳之系統性成因，其長期以來未變革的結果，也系統性的造成臺灣產業轉型困境的問題所在。**

十一、國家的決心：重建對話與信任

20多年來政府、產業與公民社會在經濟政策上嚴重的對峙；而這樣的衝突，並沒有突破結構性的產業轉型怠惰與困境。長期以來，單面向的經濟發展主義，不但不符合社會永續、環境永續，由於沉溺於尋租（rent seeking），更將喪失產業創新、消費者對產品的環保要求與期待。

從當代綠色思潮的趨勢來看，無論是政府或企業，都必須規劃

與發展更具社會責任、環境責任的產業，方具競爭力。而後者，則需要建構與營運政府、產業、社會之間的互動、對話之創新氛圍，俾使國家的經濟與產業的競爭，建立在相互信任、接受的永續情境與關係中。

而根據2012年最新的臺灣民眾氣候變遷風險感知調查，顯示大部份的民眾已經逐漸排拒高耗能、高汙染的產業，不同意政府不當的能源與環境補貼，並企求符合世代正義、永續之低碳經濟社會發展（Chou, 2013）。在這樣的社會意向下，國家發展的方向需要迅速的調整。而關鍵的是，產業結構的轉型與發展，不能再重蹈過去單面向的經濟發展主義路線。

相反的，政府、產業與公民社會三方更需要建構相互對話、協調與信任的治理夥伴關係，以促成對未來永續、低碳社會，進行轉型的共同努力。

因此，由下而上的典範變革勢在必行，一方面，公民參與未來產業與經濟社會發展的藍圖擬定，除了能強化政府綠色施政，並能進行整體社會學習構築永續、公平、具備世代正義的發展思維。另一方面，一旦將公民參與納入政府經濟決策與執行體制，其監督社會的能耐，將能做為政府對抗大財團政經勢力的後盾，促使加速產業的轉型變革。

透過這種參與式的治理變革，將有契機扭轉目前扭曲性的經濟社會衝突，而由政府、產業與社會各方在氣候變遷風險威脅與國際綠色公約壓力下，共同擬定長期性的永續政策議程，而逐步轉型朝向符合國際潮流的低碳經濟與社會發展。

參考文獻

行政院經濟建設委員會（1980），《中華民國臺灣石化工業部門發展計畫，69年至79年》，臺北，經建會。

陳吉仲（2011），〈檢視臺灣石化產業政策及國光石化成本效益分析〉，氣候變遷、產業政策與風險管制研討會，臺灣大學。

經濟部工業局（2010），第七屆全國工業發展會議，取自：http://cdnet.stpi.org.tw/tech-room/policy/2010/policy_10_098.htm

經濟部工業局（2011），國光石化環評後經濟部新聞稿，臺北，http://www.moeaidb.gov.tw/external/ctlr?lang=0&PRO=pda.NewsView&id=11024。

經濟部能源局（2009），87年全國能源會議結論執行成效與檢討，取自：http://web3.moeaboe.gov.tw/ECW/meeting98/content/wHandMenuFile.ashx?menu_id=1429

經濟部能源局（2009），94年全國能源會議結論執行成效與檢討，取自：http://web3.moeaboe.gov.tw/ECW/meeting98/content/wHandMenuFile.ashx?menu_id=1428

經濟部能源局（2012），98年全國能源會議 大會結論，取自：http://web3.moeaboe.gov.tw/ECW/meeting98/content/ContentLink.aspx?menu_id=1320，

劉兆漢（2012），〈如何推動臺灣永續發展〉，第九次全國科學技術會議，國科會，臺北。

瞿宛文（2001），〈全球化與自由化之後的臺灣石化業〉，臺灣社會研究季刊，第四十四期，pp.13-47。

瞿宛文（2011），〈民主化與經濟發展：臺灣發展型國家的不成功轉型〉，臺灣社會研究季刊，第八十四期，pp.243-288。

Chou, Kuei Tien (2013) The Public Perception of Climate Change in Taiwan in Paradigm Shift, Energy Policy, 619(2013), p.1252-1260.

Chou, Kuei Tien 2014 Predicament of Sustainable Development in Taiwan: Inactive transformation of high energy consumption and high carbon emission industries and policies,

International Conference on "Social Work, Social Welfare and Social Policy in Chinese Societies: Cross Cultural Experiences", Chinese University of Hong Kong.

IEA 2012 CO_2 Emissions from fuel combustion.Paris: International Energy Agency.

註　釋

〔1〕 根據能源局2011能源統計手冊的定義，能源密集產業包括造紙業、水泥業、基本金屬工業（鋼鐵業）、化學材料工業（石化業）。

〔2〕 這邊特別要說明的是，臺灣能源局於2011年依據IEA將作為石化工業製品原料之能源消耗扣除，亦即將能源消耗採取狹義的「燃燒能源轉化成電力」部分來計算。依據這套計算模式，很明顯的全國、工業、能源密集產業、化學材料工業（石化業）之能源消耗與能源密集度變成大幅度的降低。然而，此套計算模式雖然能對應性的說明其二氧化碳排放量，但並不正確的反映全國、工業部門、能源密集產業、化學材料工業同時在使用電力與製程中之能源消耗。因此，本文主張需要將「燃燒能源轉化成電力」與「製程過程」所消耗的能源合併計算，方能凸顯包括化學材料工業之能源密集產業的能源消耗比例與能源密集度。

第二章

石化產業對臺灣的經濟貢獻
——兼論臺灣石化產業的轉型

陳吉仲

一、臺灣石化產業現況

　　要回答臺灣石化業如何轉型，就須先從石化產業對臺灣經濟的真正貢獻來分析，並考量未來全球能源及其技術的發展及頁岩氣（油）等層面來看臺灣未來的石化產業之發展。首先應該要先將臺灣石化產業的涵蓋範圍加以釐清，這邊所提的臺灣石化產業當然是包括其上中下游等產業，其中在上游部分包括了煉油工業以及透過原油所提煉的輕油來生產的乙烯、丙烯、丁二烯、芳香烴等基本原料，中游則是包括了石油及煤製品製造業、化學材料製造業、化學製品製造業、橡膠製品製造業及塑膠製品製造業等產業。

　　在乙烯、丙烯、丁二烯、芳香烴等基本原料的國內生產量中，乙烯目前約生產392萬公噸，占全世界乙烯總產量的2.96%，丙烯之國內生產量約270萬公噸，占全世界的總產量之3.23%，丁二烯是48萬公噸，占全世界總產量的4.67%，苯則有168萬公噸，占全世界總產量的3.87%。而這些基本原料所生產的塑膠原料（包括PE、PP、PVC、PS、ABS等）國內總生產量是558萬公噸，但是國內的需求量只有205萬公噸，橡膠原料（包括BR、SBR、TPE）則有42萬公噸，其國內需求量是21萬公噸，人纖原料（包括PTA、EG、AN、CPL）國內生產量是706萬公噸，國內需求量是450萬公噸，此表示這些石化上游和中游的產品之國內生產量遠超過其需求量。

二、石化產業對經濟的貢獻

　　依據主計處的統計資料呈現，臺灣石化產業的上中下游（即包

括石油及煤製品製造業、化學材料製造業、化學製品製造業、橡膠製品製造業及塑膠製品製造業等產業）產值在2012年是4.4兆，占全國總產值的12.6%。但是GDP只有0.54兆，占全國GDP的3.97%，亦即整個石化上中下游產業的附加價值不到全國的4%。值得注意的是產值不等於附加價值，不能用產值占附加價值的比例來說明石化產業對GDP的貢獻，因為產值和附加價值的觀念是不一樣，為何在計算所有的經濟成長率是用GDP而不是產值，其原因就是GDP的計算是財貨的最終價值減去其中間的投入要素，亦即反映出的是該產業的整體附加價值，此可反映出一個經濟體的經濟實力，而總產值只是收益的概念卻沒有要素投入的考量。以臺灣石化產業產值總產值有12.6%而附加價值卻只有4%，即可得知因為臺灣石化業的最重要要素原油是進口，因此臺灣是否要繼續大老遠的進口原油來提煉這些附加價值低的石化產業。另外石化產業的就業人數中，上游和中游廠商的就業人口約4萬人，目前全國有1,028萬人的就業人口中，僅占全國總勞動人口的0.3%。若包括下游就業人數則為42萬人。

　　許多經濟學家和政府不斷強調石化產業對經濟的貢獻，尤其是石化業有向前和向後的產業關聯效果，亦即石化產業的關聯效果高，是經濟發展最重要的基礎工業，此項論述前提是這些石化產業所生產的產品是留在國內使用。檢視過去石化產業的產品之進出口，發現在2000年前臺灣仍是一個石化產品的淨進口國，為發展經濟須從國外進口許多的石化產品；然而自總六輕設廠後，許多的石化產品開始由淨的進口轉為淨的出口，在2009年時的石化產品平均而言有高達七成是外銷，2013年則約有六成五的比例，其中外銷至中國高達八成。舉例而言，2010年的PE、PP、PVC、PS、

ABS、PTA及EG的出口量占生產量比例分別爲37%、41%、47%、84%、96%、52%及60%，其中出口至中國的比例分別爲72%、70%、40%、53%、84%、93%及93%，因此所謂的產業關聯效果已不在。同樣的數據反映出臺灣等同中國的石化加工出口區。

不只這些基本原料所生產的塑膠原料、橡膠原料和人纖原料等石化產品生產是以外銷導向爲主，原油所提煉的汽油和柴油亦是，從台塑六輕每年所出口的汽油和柴油出口量即可得知。在GDP的計算過程中，以支出方式的GDP計算包括了消費者的支出、民間的投資、政府的支出及貿易淨額，其中貿易淨額是將每年的出口總值減去進口總值而得到貿易，這反映出爲何臺灣石化產業對GDP的貢獻較低之原因，因爲我們的原油幾乎是依賴進口。這裡又牽涉到一個經濟發展最基本的原則，若一個產業的基礎原料皆是進口，且原料成本高昂，我們只是將其加工，而在加工的過程所創造的就業人數不多，但卻同時大量使用能源以及製造許多外部成本，這樣的產業值得在國內發展嗎？因此目前是政府檢視國內石化產業合理的規模之時機。

三、石化產業上位政策須檢討

此石化產品貿易逆轉現象反映出臺灣不應再擴充石化產業的規模，爲何政府部門和業者仍不斷擴充，且給予大量的補助及優惠措施，其重點在於錯誤的石化產品自給率之公式。以乙烯的自給率爲例，在2011年的石化產業上位政策中預估了未來臺灣的乙烯生產量須由現在的400萬公噸成長至2025年的579萬至734萬公噸，這些的預估除了模型使用不當外，最重要的問題是錯誤的自給率。所謂

的自給率應是國內的需求為分母而國內的生產量為分子，但是政府部門卻將分母的需求量包括了國內的需求量以及國外的需求量（即外銷），錯誤的自給率公式反映即使國內的乙烯生產量從400萬公噸增加至700萬公噸，其自給率仍是未達百分之百，因為國外的需求隨著經濟的成長而增加。經過公民團體的反對及以國光石化停建後，國內石化上位政策中的乙烯生產量修訂為400萬公噸。然而若以真正的自給率來計算，即使是400萬公噸的乙烯生產量，國內的乙烯自給率已超過300%，此表示若要維持百分百的乙烯自給率，國內乙烯的生產規模可以減少三分之二。同樣的方式亦可去衡量丙烯等基礎原料之自給率。

當要將石化產業的合適規模做探討時，亦須考量到市場的結構問題，以乙烯的市場為例，中油體系所生產的乙烯約100萬公噸，其餘的300萬公噸是屬於台塑體系所生產，故在總體石化產業規模減少時的市場結構亦須加以考量，否則產生石化上游市場某一體系獨占時，對石化產業和整體經濟發展不一定有利。

在訂定所謂的石化產業的上位政策時，其最重要的觀點應是和其他的政策配合，如國家永續發展和全國能源會議。2006年的國家永續發展會議中指出臺灣的高能源密集度不得超過OECD國家平均，2008年的永續能源政策綱領指出新增重大投資案，排除高碳、高耗能產業（如石化、電子業、鋼鐵等），2010年國家節能減碳總計畫指出推動產業節能減碳、進行能源密集產業政策環評、提升綠能產業等。但是我們卻看到石化產業的上位政策皆和這些國家重大計畫不一致，因此建議臺灣石化產業政策要和其他更上位政策（如國家永續發展和全國能源會議）決議下來規劃。

四、校正市場失靈

　　為何石化產業政策未將其上位政策放入國家的永續計畫中規劃，最重要原因仍在石化產業中的生產需求大量的能源，以石化中游的化學材料所使用的能源占全國總能源使用之26.45%（2011年）。能源密集工業（包含紙製造業、化學材料等）在2011年的能源使用占全國能源使用的36.29%，同樣石化產業所使用的水資源超過全國的28%，但是GDP卻僅有4%，此反映石化產業的能源產出效率低。亦即在以GDP為經濟發展的參考指標時，要同時瞭解每生產一元的GDP所使用的能源，和國內的其他任何產業比較，石化產業所貢獻的GDP是效率最差的產業，此可從占GDP不到4%的石化產業卻使用超過三成的能源即可得知，這樣的產業不只不該擴充規模，反而是該思考如何讓其轉型（如高值化）來縮小規模。

　　2011年停建國光石化後，政府高喊著石化產業要高值化，也設立了辦公室。臺灣石化產品附加價值率只有16至20%不等，以德國BASF大廠為例則高達30%，為何臺灣石化產業無法高值化？其問題在於政府提供太多優惠資源及措施給予石化產業，以及外部成本沒有內部化。舉例而言，六輕一年排放6775萬公噸的二氧化碳，再加上中油高雄廠的二氧化碳330萬公噸，兩者占全國28.5%。臺灣工業用電占總用電量逾六成，價格比民生用電便宜，其中高耗電產業包括石化、鋼鐵、造紙、水泥等消耗逾三成工業用電，卻僅創造不到10%的國內生產毛額（GDP）。在此優惠措施下石化業者當然沒有誘因來投入研發以提高其石化產品的附加價值率。觀察這十幾年的石化產品出口趨勢發現在2008年和2009年是臺灣石化產品出口的

高峰，然隨著頁岩氣和頁岩油的開採而大幅度降低成本，加上臺灣主要石化產品的進口國中國亦開始生產石化產品，而國內石化產品高值化的目標仍未達到前，這樣的國內外環境條件的改變，完全依賴原油進口的臺灣須要在國內持續發展石化產業是要進一步再思考之處。

　　石化產業所造成的外部成本非常的高，包括溫室氣體排放、人體健康影響、水資源影響、生態環境影響及對農漁業影響，這些外部成本應該內部化，亦即讓廠商吸收這些成本。以之前國光石化的規模（約120萬公噸的乙烯產能）為例，其年總效益約不到400億元，但外部成本卻超過600億元，外部成本不內部化，讓市場失靈，也產生了經濟發展的不公平性，亦即讓石化業者享受資源的優惠來增加其利潤，卻讓全民承受健康、生態及環境的公共財之損失，這樣的產業政策沒有調整前就不該談所謂的石化專區。我國預算法第34條規定「重要公共工程建設及重大施政計畫，應先行製作選擇方案及替代方案之成本效益分析報告，並提供財源籌措及資金運用之說明，始得編列概算及預算案，並送立法院備查」，因此要設置石化專區前要執行其成本效益分析報告，透過石化產業完整的成本效益分析才能決定是否設專區。因此臺灣是否設石化專區與否不是重點，重點在於取消不合理補助與外部成本內部化是讓臺灣石化產業發展的最基本要求，這也是政府的責任。

第三章

告別石化王國——以石化產業政策環評爲起點

趙家瑋

　　從五輕、六輕到國光石化開發案，再到此次的高雄氣爆事件，石化產業的龐大環境外部性，歷歷在目。然面此問題，政府僅意欲以管末控管的膏藥式補救法，提出石化產業高值化、石化產業專區等應對方式，而非從嚴肅面對此產業轉型議題，審視現行臺灣石化業發展過程中所衍生的外部成本以及享有的各類環境有害補貼（如用水、能源等），以及各類制度上的扭曲。在此情形下，行政院雖宣示將重啟石化產業政策環評，意欲「站在宏觀角度，綜合考量經濟發展、環境保護、國民健康、自然生態與國際規範等，決定臺灣在未來一段時間內，產業究竟要發展到何樣程度」，但先前的石化業政策環評，僅是被用來作為護航個案開發的工具，而非在環境承載力為上限下，檢視產業發展方向的整體規劃。

　　有鑑於此，本文提出「石化業的碳泡沫風險」、「移除環境有害補貼」、「確保環境知情權」以及「檢視自由貿易協定的影響」等四大對石化業影響甚鉅的重要議題，若欲此政策環評發揮其原有功能，則此次重啟的石化業政策環評應該其納入評估範疇。

一、石化業的碳泡沫化風險

　　但根據英國石油的分析，目前全球石油的蘊藏量與產量間的比例為54.2；而根據國際能源總署（IEA）的最新分析，目前的石油供給在2035年至少不虞匱乏。但上述情形，並非表示後石油時代，將無限拖延。因為石油消費，還面對了另一個限制：氣候變遷。

　　依據英國Carbon Tracker Initiative分析，若要抑制增溫於2℃以下，則全球未來四十年，只能再排放5,650億噸CO_2，而若將目前的石油、天然氣以及煤碳的蘊存量，全部用盡，則將會產生2兆8

千億噸CO_2。因此仍需要限制各項化石燃料的耗用。依據經濟學家Nicholas Stern以及研究智庫Carbon Tracker Initiative的分析，若要抑制增溫於攝氏2度以下之時，則全球石油、天然氣以及煤碳的蘊存量，只能動用22%。此分析意味著在若欲因應氣候變遷，傳統化石能源業者是沒有成長空間的，而其目前市場上的股價，是存在著碳泡沫化（carbon bubble）的風險。如該分析中引用HSBC的評估，指出若為減少溫室氣體排放，則目前市場上的石油與天然氣公司的資產，未來的價值將會降至當前的40%～60%。

　　另依據IEA的分析，若需抑制增溫於2度C以下，則2035年時，全球的石油耗用量需較2011年降低10%，而考量到發展中國家的需求，已開發國國家的石油耗用量更較2011須大幅削減40%左右。

　　因此若商業模式與金融市場仍未將此碳泡沫化的風險納入考量，那麼未來全球只有面對金融危機或大規模氣候災難兩擇一的選擇。而仰賴化石燃料作為原料的石化業，無可避免的將在近二十年面對此挑戰。但臺灣討論石化業未來發展前景時，卻似乎未將此因素考量。

　　石化業目前總能源消費量達到臺灣的26%，雖在依照現行發展趨勢之下，於明年度五輕關廠之後，總能源消費量將因乙烯產能由當前的451萬公噸降至400萬公噸，而有所削減。但另一方面，依據經濟部所提出的「2020年產業發展策略」，其提出石化產業的產值於製造業之占比，將從2009年的21.25%降至2020年的20.21%，但在整體製造業的產值年均成長率仍維持在3%之時，此發展策略中所訂定的目標，意味在整體石化產業的規模仍將較當前增加30%，即使石化業每年的能源效率提升率達到2%，這仍意味著2020年時的石化業總能源消費量仍將增加10%以上，與國際間欲削減經濟體

的碳泡沫化的風險相悖。

二、移除環境有害補貼

　　如前節分析，整體的政策規劃方向，已未就石化業給予任何限制，但更有甚者，目前臺灣在各類制度設計上，還提供此產業高幅度的補貼。

　　首類補貼為從促進產業升級條例以及產業創新條例等在營運上的租稅優惠。依據蔡官芳（2010）運用各公司所提供的財務報表的分析，其指出台塑化公司在2002年至2009年間加計各類政府補貼後，平均有效稅率僅1.5%，較一般產業營所稅的25%為低，甚至在2008年時的有效稅率為-5.05%，顯示該年度台塑化不僅不需繳納營利事業所得稅，政府甚至還倒貼該產業7億元。

　　除此以外，石化產業鏈還享有另一項重要的補貼，就是石油進口免關稅。以2012年為例，該年度的石油進口量約有30%是用於化石燃料生產，而該年度的石油進口金額占該年度GDP的10.76%。而目前由於石油進口免關稅，相較於同樣擁有石化業的南韓，其就進口原油仍課以3%的進口關稅，無形間又提供整個石化產業鏈一年高達150億元以上的補貼。

　　此外，國際貨幣基金報告、亦指出臺灣因為化石燃料成本未合理化，且未施行可充分反應環境外部成本的能源稅，因此2011年時化石燃料補貼總計達到GDP的2%以上，其中又以煤炭補貼達到GDP的1.66%為最高。而石化業的煤及煤產品消費量達到全國總消費量的22%以上，而整體化學材料業的煤及煤產品的消費占比更達50%，因此由此估算可知整體石化產業鏈所獲得廣義化石燃料補貼

更達到GDP的0.8%，相當於1184億元以上，而該年度整體化學材料業的GDP貢獻為4000億元左右，占GDP約2.7%。

除了針對石油此關鍵原物料藉由免徵關稅，提供高額補貼，另一方面也就石化業的工業用水上，提供大規模補貼。如台塑六輕所享有的水價為每度3.3元，而一般的工業用水的水價則為每度11元，而以台塑六輕一日平均用水量為33萬噸左右，一年所提供的用水補貼亦達九億元。

三、確保環境知情權

此次高雄氣爆事件，各界才驚覺對於油品與石化原料輸送管線此類高風險設施的配置，毫無應得的知情權（right-to-know）。但是事實上，石化業對環境知情權的剝奪，非僅只此椿。如台塑集團於2012年時，既以「引用不實資料，發表錯誤研究結論，指出六輕排放一級致癌物砷、鎘，導致雲林沿海居民直腸癌、血癌死亡率偏高，導致台塑名譽受損」為由，控告中興大學環工系的莊秉潔教授，求償4千萬，並要求登報道歉。此外面對其他研究團隊提出石化業週遭地區居民致癌風險極高的研究成果，經濟部石化產業高值化辦公室面對此類議題，其回覆的方式卻是：「目前所知，人類罹患癌症的主因仍為吸菸、不運動、肥胖、嚼檳榔與喝酒過量，而非曾經在石化工廠上班。而附近居民暴露在石化產品的機率又較石化廠員工來的低，若石化廠不會提升員工罹癌機率，又遑論鄰近居民？」

因此在臺灣的我們，既可見到以下諷刺的場景。當在美國環保署設立的毒性物質排放系統中，輸入Formosa後，就可以知道台

塑在美國各個工廠的有害汙染物排放量。在輔以區域別的查詢功能後，輕輕鬆鬆就可以得到台塑德州廠各類有害物質的排放量占德州總排放量的比例。除此之外，還可以查詢到「風險篩查環境指標」（Risk-Screening Environmental Indicators）。該指標為考量各汙染物質對人體的潛在風險，以及鄰近的暴露人口數等，估算出該工廠的風險篩查環境指標總分，並與產業平均值、地區平均值以及全國平均值進行比較。該指標雖不適用於分析特定汙染源對特定族群健康風險之影響，但可作為相對比較與篩選，作為該汙染源是否應列為需優先管制之類別。因此藉由該系統，既可查得如下圖之變化趨勢，由該圖既知，台塑的德州廠對人體健康風險之影響，是美國民眾平均承受的健康風險的2000倍左右。

而當政府強調將藉由政策環評程序，兼顧經濟發展與環境衝擊審視石化業的發展方向之時，卻未提供基本的環境知情權。而產業的高值化，面對健康風險此眾所關注的議題，卻僅欲以粉飾太平的態度回應。此兩錯誤的作為，均將加深此產業環境與社會外部性。

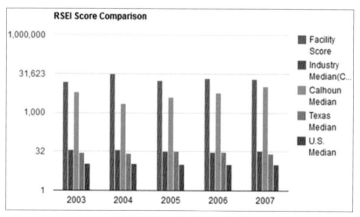

圖3-1　台塑德州廠的風險篩查環境指標分析。

（來源：美國環保署毒性物質排放盤查資料庫）

四、檢視自由貿易協定的影響

　　高雄氣爆事件發生過後一週，當整個社會聚焦於如何敦促石化業負起損害責任之時，立法院的臨時會卻排定高度爭議性的「自由經濟示範區特別條例」的審查。後因民間團體、反對黨以及輿論的反對，未於該日進行審查，但真正的諷刺乃是石化業正是各類自由貿易協定的主要受益產業。

　　如依據中華經濟院評估，ECFA的簽署，可使石化業產值增加13%以上。另外依據許博翔與郭迺鋒（2013）的評估，臺灣若加入泛太平洋夥伴協議（Trans-Pacific Partnership）上，其亦將使石化業的產業規模增加3%左右。

　　因此當官方一方面喊著要進行產業結構調整，要高耗能產業負擔外部成本，並降低其於產業結構之占比，另一方面又高喊著若未能簽署自由貿易協定，臺灣經濟前景堪慮。若未能意識到經貿政策以及產業政策間的矛盾，則研擬石化產業政策環評之時，定是仍將採用成本最小化，以出口量的擴增作為目標，而非真正思考產業結構的轉型。

五、結語

　　相較於國光石化爭議、六輕工安以及石化園區周遭居民致癌風險過高等事件，此次高雄氣爆則是以最怵目驚心的方式，提醒著臺灣民眾，真正的轉型仍尚待努力。

　　如在工業都市轉型議題上，高雄氣爆事件讓市民警示到工業城

市的治理，不應僅是新地景的創造，而應先面對過往的工業污染沈痾。高雄市近年以高雄市「愛河之心」「高雄捷運R9車站（中央公園站）」雙雙獲得「2009全球卓越建設獎」環境類卓越獎（首獎）與金質獎做為城市治理進步的象徵，但真正的進步的治理觀念是得面對過往的沈痾，正視重工業遺留下的各項外部成本。若僅是去脈絡式的大舉推觀光、痞子影視城、文創產業，但未優先處理過往積累的問題，那並未能達成城市的轉型，而僅是化妝。這一些也該是在年底選縣市長時，一個基本的提問。必須穿越那些煙火式的活動，而回到該如何安居樂業這四個字作為檢視基礎。

而在產業轉型上，如許甘霖在〈黨資本的政治經濟學—石化業個案研究〉一文中分析指出，石化業當前的發展，乃是國民黨黨營資本結合私人資本，建構出黨資本共生體，進而使石化資本成為政策的掣肘。由此可知，若臺灣若可真切的踏入降低高污染產業占比的結構調整之途，採用另一種發展範型，則不僅可削減眾所關注的環境衝擊，另一方面亦可創造降低黨資本共生體對公共政策掌控的附帶效益。由此分析，推動產業結構調整，可根本增進臺灣的制度以及生態韌性（resilience），面對必將再來的災害考驗。而若此次的石化產業政策環評未能以此為前提，則將使臺灣再次喪失厚植調適能力的機會之窗。

參考文獻

British Petroleum. 2014.Statistical Review of World Energy 2014. http://www.bp.com/content/dam/bp/pdf/Energy-economics/statistical-review-2014/BP-statistical-review-of-world-energy-2014-full-report.pdf

Carbon Tracker, 2013. Unburnable carbon 2013: Wasted capital and stranded assets. Tech. rep., The Grantham Research Institute on Climate Change and the Environment of LSE. http://www.carbontracker.org/report/wasted-capital-and-stranded-assets/ IEA. 2012. World Energy Outlook. OECD.

能源局，能源平衡表。

經濟部，2011，2020年產業發展策略。

蔡官芳，2010，「產業創新條例租稅優惠對高科技產業之影響探討」，國立台南大學科技管理研究所碩士班。

Parry,I., Heine, D., Lis,E. and S. Li. 2014. Getting Energy Prices Right From Principle to Practice. International Monetary Foundation.

經濟部石化產業高值化推動辦公室，石化產業的汙染很大，造成勞工以及附近居民罹癌機率增加? http://www.pipo.org.tw/Life/FAQ/green#faq2-3 USEPA. TRI Explorer. http://iaspub.epa.gov/triexplorer/tri_release.facility

中華經濟研究院，2009，岸經濟合作架構協議之影響評估，經濟部。

許博翔、郭迺鋒，2013，TPP對我國影響之量化分析評估，中華民國太平洋企業論壇簡訊，2013年1月號，第8～14頁。

第二部分
空汙與健康風險

第四章

石化工業區的空氣汙染問題與健康風險

一、背景說明

2014年7月31日高雄氣爆事件發生後，石化工業的發展再度成為全民關心的焦點。過去包括2011年國光石化的開發案、2010年台塑六輕連續發生的工安意外事故、2009年台塑仁武廠汙染物超標事件等，在國內均引發激烈的抗爭與衝突，同時也增添了讓人聞石化產業而色變。激辯的焦點之一就是，石化工業區是否會對附近的居民產生健康的不利影響？這些都是眾所關心且是發展石化產業過程中必須要誠實面對的議題。因此本文希望透過科學文獻的彙整，提供讀者對於這些問題有一基本的認識與了解。內容將以下述的幾個面向來做說明：

1. 石化工業區的製程及周界空氣品質的狀況；
2. 石化工業區之癌症流行病學研究結果；
3. 石化工業之其他非致癌相關的健康影響評估結果。

最後，根據科學文獻的資料整理，本文對於石化工業區所可能產生的健康風險將提出相關的建議與看法。

二、石化工業區的製程及周界空氣品質的狀況

所謂的石油，主要的成分為碳與氫的化合物為主，是製造石化產品的原料。煉油即是透過加熱的方式，讓這些碳氫化合物變成蒸氣，然後在輸送至分餾塔中，根據化合物沸點高低的差異，高者首先從塔底以液態的形式分餾出來，而沸點較低的化合物，則慢慢地沿著分餾塔越往高處溫度越低，而逐批在分餾塔的不同高度

中，各別液化成液體而分離出來。例如，沸點較低的煉油氣、石油醚、汽油、航空汽油及煤油等會在分餾塔的最高處進行收集；相對的，具有沸點較高的柴油、潤滑油和蠟等，則在分餾塔的低處進行收集；而在分餾塔的最底部則蒐集包括黏滯的殘餘物包括瀝青和重油（Australian Institute of Petroleum, 2014）。透過上述的步驟所得的分餾產物便成為石化產業的原料，提供中下游的石化工廠利用氧化、聚合、酯化、烷化、脫氫、水合、裂解、脫氯化氫、酸化、氫化、羰基化等步驟，製造生產各種石化的產品。

煉油廠及石化工廠為大型的工業設施。其操作的過程會產生各式各樣的有機物質排放至大氣中，主要源自於製程、設備、儲槽、輸送管線、和廢汙設施（Kalabokas et al., 2001）。美國的環保署即指出，石化產業的製造過程，鍋爐和加熱爐等加熱的單元會排放傳統的汙染物質包括懸浮微粒、硫氧化物、氮氧化物、一氧化碳，另外整個石化工業所產生影響性最大的汙染物質就是石化產業的原物料和產品的成分，也就是揮發性的有機物質（Volatile Organic Compounds, VOCs）（USEPA, 1995）。

VOCs對環境及人類的影響包括，造成平流層之臭氧的破壞、在對流層中進行光化學反應，氧化形成游離基與大氣中的NO_x反應形成臭氧及其他過氧化物、惡化全球溫室效應的情況、並且對人體的健康產生危害（Dewulf and Langenhove, 1999)。因此，對於石化工業區所產生的VOCs及其排放行為需要特別加以關注，長期的進行監測，以掌握其對鄰近周邊空氣汙染的影響狀況。

國際間已經發表了相當多的科學文獻，特別針對石化工業區的周界進行VOCs的採樣與檢測分析。Cetin等人（2003）於2000年的九月至2001年的九月，在土耳其西部的伊茲密爾（Izmir）的石

化工業區及煉油廠周邊設立了三個空氣品質監測站,觀察VOCs的濃度變化情形。他們發現,與位於伊茲密爾郊區的對照組採樣站所測得的VOCs濃度比較,石化工業區周邊的採樣站所測得的濃度約為對照組的4-20倍高。其中測得濃度最高者為二氯乙烷,其次為乙醇、第三則為丙酮。二氯乙烷是汽油當中的添加劑,同時也是氯乙烯製程中的中間產物,因此明顯的與石化工業的製程排放有關。根據氣象資料顯示,夏季測得的濃度最高,作者們認為此與溫度有關,夏季溫度較高,有利於VOCs的揮發作用。韓國蔚山(Ulsan)的石化工業區的採樣研究中,同樣亦發現包括烷類、烯類、芳香族類、環烷烴類、含氧的碳氫化合物、鹵素類碳氫化合物、2個碳到9個碳的總碳氫化合物等,在蔚山的石化工業區的濃度遠高於在蔚山市區對照組的採樣點所採集到的濃度(Na等,2001)。作者們認為,此與工業區的逸散源排放有關。國內的研究亦同樣顯示,在高雄的某石化工業區廠區內的總VOCs濃度高出高雄市區的對照組採樣點的10-18倍左右,因此作者們認為,石化工業區對於周界空氣品質確實是重要的汙染貢獻者(Lin等,2004)。

在石化工業區所排放的VOCs當中,苯是國際癌症研究機構(International Agency for Research on Cancer, IARC)歸類為人類確定的致癌物質(IARC, 1987)。該物質是石化製程中重要的成分。苯可以從原油中提煉,另外亦可以從天然氣中濃縮而得。廣泛的作為合成乙苯、異丙苯、環己烷、硝基苯、及烷基苯的中間物。另外,它是汽油中防爆的重要成分(Fustinoni等,2012)。因此,先進國家對於苯的環境監測特別重視。歐盟亦已經針對苯制定空氣品質標準,規定年平均濃度的上限為5µg/m³(European Commission, 2000)。Ramírez等人(2012)在西班牙的地中海區域最大的化學

工業區的鄰近周邊以環境採樣的方式設置三個採樣點，研究石化工業區周邊苯的濃度變化，他們在三個測站所測得之苯的平均濃度分別爲1.5、1.37、和0.48g/m³，顯示該物質是在歐盟規定的容許值範圍內。Fustinoni等人（2012）則是採取個人採樣的方式，分別針對義大利石化工業區的工人（33人）、距離2公里內的居民（30人）、4個里內的居民（26人）、和25公里外的居民（54人）進行暴露濃度的評估。結果顯示，四組所測得之苯的濃度的中位數值分別爲25、9、7、和6g/m³。作者們同時比較了在義大利米蘭針對108位受試者所做的暴露調查，苯在米蘭主要的汙染源爲交通源，結果中位數爲4.0μg/m³。另外，127位米蘭交通警察的個人採樣暴露濃度則爲9.6g/m³。因此，作者們認爲，居住在石化區的居民顯然有比居住於米蘭的族群有較高苯暴露的情形。

　　另外一個在石化工業區值得關注的汙染物質爲二氧化硫。Shie等人（2013）利用位於雲林縣台西測站的資料進行分析，他們發現石化工業區開發前（1995-1999），風向源自於石化工業區時SO_2的平均濃度爲28.9ppb，但是石化工業區開發後，同樣來自於石化工業區的風向時，其平均濃度則高達86.2-324.2ppb，明顯地較開發前高出許多。另外，根據美國環保署所建議之健康爲基準的小時容許濃度75ppb，西元2000年前並未出現超過此值的紀錄，但是2000年後，石化工業區開始運轉，則SO_2的小時值超過此容許濃度的資料逐漸上升，至2005年時，該年有超過61筆的資料是大於75ppb。且從風向的觀點，風向從石化工業區而來時，總共有65筆資料的數據顯示SO_2的小時值超過75ppb（Shie等，2013）。顯示，石化工業區所排放的空氣汙染，對於附近的空氣品質具有影響性。

　　其他石化工業區值得關注的汙染物質尚包括有毒的金屬，例如

Bosco等人（2005）於義大利的西西里島的傑拉（Gela）進行環境採樣。他們發現該地的石化工廠之鄰近周邊可監測到較高的As、Mo、Ni、S、Se、V等。Nadal等人（2009）同樣證實，在石化工業區周邊的土壤可以採集到顯著高於未汙染區的Cr，而植物體中則有顯著高於未汙染區的V。另外，隨著時間的變遷，土壤中可測的越來越高濃度的V。這些都顯示，石化工業區是鄰近周邊重要的金屬汙染源。

三、石化工業區之癌症流行病學研究結果

在所有煉油廠或石化工業的排放汙染物質中，苯是受到關注很多的一個化學物質。石化工業區或煉油廠的流行病學研究顯示，暴露苯與白血病（或稱血癌）（Leukaemia）有關。這些研究中發表最多的是台灣的調查結果（Pan等，1994；Yang等，1997a；Yu等，2006；Weng等，2008），另外英國亦貢獻了相當之研究成果（Lyons等，1995；Wilkinson等，1999），義大利有一篇（Belli等，2004），美國一篇（Tsai等，2004）和瑞典一篇（Barregard等，2009）。這些研究中，國內的兩個研究結果顯示，居住於石化工業區附近為白血病的重要風險因子（Yu等，2006；Weng等，2008）。瑞典的研究結果則顯示，石化工業區周邊的暴露鄉鎮的標準化白血病發生率（Standardized Incidence Rate, SIR）自1975-2004年間為1.47，而對照組同樣期間的SIR則為0.89。顯示暴露組有遠高於對照組的情形（Barregard等，2009）。英國的研究（Lyons等，1995；Wilkinson等，1999）主要針對石化工業區的白血病發生率進行分析，結果呈現無明顯的相關性，其發生率並未顯著性的高

於預期的發生率。而美國的研究結果顯示，路易斯安那州的工業區附近的居民的白血病死亡率則未有顯著的高於比對的對照組（Tsai等，2004）。前述的這些研究並未有一致性的結果，可以歸因於白血病存在有多重的風險因子，例如血友病的汙染源有多個（苯、游離輻射、電磁場、殺蟲劑、職業暴露）、攝食的差異性（維他命A和D）、病毒感染與否、接受放射治療與化學治療等醫療的行為否、基因的差異性等（Linet, 1996）。換言之，干擾因子的控制對於流病結果的解釋是重要的比對依據。

　　癌症的研究中，第二個受到較多關注的則為肺癌。國際癌症研究機構的資料顯示，公元2000年死於肺癌及支氣管癌的人口數高達110萬人（Ferlay等，2001）。常被歸因與肺癌有關的風險因子就是吸菸。但是，英國的一項研究顯示，控制了吸菸、職業性的暴露、社經地位等干擾因子後，年齡介於0-64歲的婦女的肺癌死亡率與居住位置和工廠的距離有關（Pless-Mulloli等，1998）。亦即除了吸菸的影響外，工廠排放的空氣汙染物質亦為肺癌重要的風險因子。在此基礎下，Edwards等人（2006）針對居住於英國提賽德（Tees-side）石化工業區附近的婦女進行研究，他們發現居住在工業區五公里內，居住時間超過25年與0年者年齡進行標準化後比較，其肺癌的發生率為2.13倍；在調整相關的干擾因子（職業、吸菸、二手菸的暴露）後，前者仍然為後者的1.83倍。顯示，居住在石化工業區附近的時間越久，肺癌有明顯偏高的情形。國內同樣對於居住於石化工業區附近的婦女進行研究，主要針對職業為家庭主婦的女性進行研究，其結果與英國的研究結果呈現一致性，也就是居住於石化工業高汙染區域的婦女之肺癌死亡率明顯的高於低石化工業汙染區域的婦女（Yang等，1999）。

　　另外一個與石化工業區有關的癌症為腦癌。Yang等人（1999）根據1995-2005年國人的死因資料及就業資料，將全國的鄉鎮中按照職業別，依就業欄為石化產業者佔該鄉鎮的人口比例，切割成三等份，以反應暴露石化產業汙染物（高、中、低）的三個等級。在調整相關的干擾因子後，高暴露區者較低暴露區者腦癌的死亡率呈現明顯差異的情況，前者為後者的1.65倍。因此，研究人員建議需要更詳細的研究石化工業區的汙染與腦癌兩者之間的因果關係。

　　其他與石化工業區有關的癌症流行病學研究，包括Kaldor等人（1984）在美國加州所進行的調查研究，其結果顯示，不分性別的條件下，居民暴露煉油廠和石化工業所排放的汙染物質會增加口腔癌和咽頭癌的發生率。男性的部分，經調整年齡後，石化工業的空汙與胃癌、肺癌、前列腺癌、腎臟癌和泌尿器官的發生率有關。Zusman等人（2012）於以色列的研究則顯示，隨著距離石油儲槽的距離越近，肺癌和非何杰金氏淋巴瘤有顯著性的升高的趨勢。發生率最高的點發生在距離工業區1400-1500公尺處，然後再依序隨著距離下降。與Bell等人（2004）的研究比較，距離石化工業區2公里內，肺癌發生的風險有增高的趨勢一致。

四、石化工業之其他非致癌相關的健康影響評估結果

　　居住於石化工業區附近的居民，最直接暴露汙染物質的方式就是透過呼吸，因此呼吸系統方面的健康問題是一定要關注的議題，特別是針對敏感性的族群，例如小朋友。Rovira等人（2014）針對西班牙的塔拉戈納（Tarragonia）的二處石化工業區和遠離石化工業區的對照組，總共2,672位6-7歲的孩童及2,524位13-14歲的青少

年進行研究。結果發現，雖然孩童及青少年的氣喘及過敏性症狀均未有暴露組較對照組高的現象，且肺功能的檢測亦未有顯著性的差異。但是經調整干擾因子後，居住在石化工業區的孩童及青少年有顯著高於控制組地區包括呼吸系統方面的住院及夜間咳嗽的問題。研究人員認為，前述的呼吸系統方面的住院率及夜間的咳嗽問題可以反應短期性暴露石化工業區所排放之空氣汙染物所產生的健康問題。

　　相對於Rovira等人（2014）的研究結果，其他有關石化工業區附近孩童的呼吸系統健康方面的研究，例如加拿大蒙特婁的研究顯示，石化工業區附近的SO_2監測資料與孩童的氣喘急診和氣喘的住院有相關性（Smargiassi等人，2009）。波多黎各的研究則顯示，與石化工業區減少一公里的距離則氣喘發作就會增加1.14倍（Loyo-Berrios等人，2007）。義大利的研究調查比較了居住於煉油廠附近和對照組遠離煉油廠的6-14歲的孩童，除了利用問卷了解受試者的呼吸系統方面的健康狀況外，同時測量肺功能、呼出氣中的一氧化氮濃度、和鼻黏膜中的氧化壓力指標－丙二醛脫氧鳥苷（Malondialdehyde-deoxyguanosine, MDA-dG）鍵結物的濃度。暴露組與對照組的二氧化硫的週平均濃度分別為6.9-61.6$\mu g/m^3$和0.3-7.6$\mu g/m^3$；二氧化氮的濃度則分別為5.2-28.7$\mu g/m^3$及1.7-5.3$\mu g/m^3$；苯1.8-9.0$\mu g/m^3$及1.3-1.5$\mu g/m^3$；暴露組與對照組的小孩比較，有較高比例的呼吸阻塞問題（1.7倍）、較差的肺功能表現，第一秒用力呼氣容積（Forced expiratory volume in one second, FEV_1）較對照組減少10.3%、較高濃度的呼出氣一氧化碳濃度（+35%）、鼻黏膜中具較高濃度MDA-dG鍵結物濃度（+83%）。因此，作者們認為，居住於煉油廠周邊的孩童之肺功能表現及發炎反應，明顯與

對照組呈現差異性，顯示煉油廠對附近孩童的呼吸健康有其負面影響（Rusconi等人，2011）。阿根廷的研究則針對6-12歲的孩童進行研究，研究人員選擇了位於拉普拉塔（La Plata）的石化工廠附近的小孩（282人）與兩個對照組，一個為交通繁忙的區域（270人）和另外兩個無汙染源的區域（639人），分析的結果顯示，與對照組比較，居住於石化工業區附近的孩童有較高的比例罹患氣喘（24.8% vs 10.1-11.5%）、較多呼吸道方面的症狀（喘息、呼吸困難、夜間咳嗽、及鼻炎）、較低的肺功能表現（FEV_1的實測結果明顯低於預測值）；另外，研究亦發現，居住於石化工業區的時間長短亦是重要的風險因子。因此，研究人員認為，石化工業區所排放的汙染物質會對孩童的呼吸健康產生負面的影響（Wichmann等人，2009）。

國內有關石化工業區的研究，Chen等人（1998）選擇了台灣三個石化工業區（頭份、仁武、林園）、兩個交通頻繁的都市（基隆、三重）、和一鄉村地區較無汙染的區域（台西）（當時台塑六輕尚未開始運作），比較了這六個地區5,072位小學生的呼吸系統的健康情形。結果顯示，與台西的小學生比較，基隆和三重的小學生有明顯的呼吸系統方面的症狀，包括日夜間咳嗽、慢性咳嗽、呼吸短促、鼻子症狀、鼻竇炎、氣喘、過敏性鼻炎、支氣管炎。而居住於石化工業區的小學生則明顯地較台西有較嚴重的鼻子方面健康問題。另外，Yang等人（1997）則針對位於高雄的林園石化工業區南部的汕尾及雲林縣台西（台塑六輕尚未運轉），年齡介於30-64歲的成年人進行研究。分析的結果顯示，呼吸系統方面的問題，包括咳嗽、喘息、慢性支氣管炎，兩個地區的健康資料並未有顯著性的差異。但是，急性的刺激性的症狀（包括眼睛痛、噁心、喉嚨

痛、化學物質臭味的敏感性等），石化工業區附近的居民有顯著性較高的情形。

　　自體免疫性甲狀腺疾病和石化工業區的研究是發生在南美洲巴西的聖安德烈（Santo André），該地的醫生發現有異常過多的橋本氏甲狀腺炎（Hashimoto's Thyroditis, HT）的患者就診，懷疑與該地占地125公頃的石化工業區的汙染排放有關。因此，開始著手進行流行病學的調查與研究。他們邀請了石化工業區（暴露組）及另外一對照組地區（非石化工業區）年齡在20歲以上總共1,533位受試者參與此研究。結果顯示，暴露組的居民罹患HT的罹病率較對照組高2.39倍，顯示居住在石化工業區是罹患HT的風險因子。作者們認為石化工業區所產生的多環芳香烴化合物（Polycyclic Aromatic Hydrocarbons, PAHs）、戴奧辛、甲苯等化學物質具有免疫毒性，會影響細胞信號傳導的機制、影響調解免疫細胞的凋零、誘導自體免疫、或者是壓抑免疫功能等。因此，作者們建議值得後續做進一步的科學研究，以確認這部分的因果關係（de Freitas等人，2010）。

　　另外一個與石化工業區有關的非致癌風險健康問題即是婦女的自然流產和嬰兒的早產問題。過去有關石化工廠內的員工與非化學工廠的員工的比較研究顯示，石化工業區的作業員工的自然流產發生率明顯的高於後者，兩者的數據分別為8.8%及2.2%，相差有四倍之多。經調整過相關的干擾因子後，有暴露石化製程的婦女的自然流產為沒有暴露的婦女的2.7倍。作者們認為暴露石化工業的化學物質是自然流產的風險因子，可能致流產的化學物質包括苯、汽油和硫化氫（Xu等，1998）。而國內有關石化工業區對孕婦的研究則顯示，居住在煉油廠附近的孕婦出現早產的比例明顯的高於

對照的地區。經調整相關的干擾因子（包括懷孕年齡、季節、婚姻狀況、母親的教育程度、嬰兒的性別），研究人員發現煉油廠附近的孕婦發生早產的情形是對照組的1.14倍。因此，研究人員認為石化工業區的空氣汙染對懷孕的婦女有負面的影響（Yang等人，2004）。石化工業區所排放的SO_2和懸浮微粒被認為是造成流產的重要汙染物質。Xu等人（1995）在中國北京所進行的研究發現，早產與空氣中SO_2和總懸浮微粒有正相關。Ritz等人（2000）在南加州的研究中發現，早產主要與PM_{10}的濃度有關。另外，捷克的研究同樣發現早產與空氣中SO_2和總懸浮微粒的濃度有關。

五、石化工業區所產生之健康風險的建議

本文針對石化工業所產生之健康風險進行綜合整理。我們回顧了發表於國際醫學相關的學術研究期刊共47篇，其中國內的研究有12篇，國外的研究35篇。這些研究的觀點，從與石化工業區排放源的距離、居住的時間長短、工廠的規模大小、在石化工業區工作的人口比例、盛行風方向的影響性、工廠開始營運的期程階段、較易受傷害的敏感性族群（小朋友）等，深入的分析了這些變項與健康之間的關係，以反應石化工業區或煉油廠對周邊居民的健康影響情形。雖然，並非所有的研究呈現一致性的結果。中間當然有值得討論及精進之處，例如，是否能夠利用更精確的分析方法，例如暴露的生物標記（biomarker），以合理反應個體實際的暴露情形，而非傳統以居住的距離及時間等來代替暴露的程度差異。這部分化學分析技術的開發，對人體暴露後在體內之代謝分解的途徑及代謝產物的解析都是關鍵。整體而言，目前支持石化工業區會對人體健康產

生負面影響的科學文獻仍舊為數不少。值得關注的健康問題包括，肺癌、白血病、腦癌、學童的呼吸系統的疾病、成年人的急性刺激性症狀、婦女的流產和早產的問題、和免疫系統方面的問題。

參考文獻

Australian Institute of Petroleum, 2014. Refining of petroleum. Available at: http://www.aip.com.au/industry/fact_refine.htm.

Barregard, L., Holmberg, E., Sallsten, G., 2009. Leukaemia incidence in people living close to an oil refinery. *Environmental Research*, 109, 985-990.

Belli, S., Benedetti, M., Comba, P., Lagravinese, D., Martucci, V., Martuzzi, M., Morleo, D., Trinca, S., Viviano, G., 2004. Case-control study on cancer risk associated to residence in the neighbourhood of a petrochemical plant. *European Journal of Epidemiology*, 19, 49-54.

Bhopal, R.S., Moffatt, S., Pless-Muolli, T., Phillmore, P.R., Foy, C., Dunn, C.E., Tate, J.A., 1998. Does living near a constellation of petrochemical, steel, and other industries impair health? *Occupational and Environmental Medicine*, 55, 812-822.

Bobak, M., Leon, D.A., 1999. Pregnancy outcomes and outdoor air pollution: an ecologic study in districts of the Czech Republic 1986-8. *Occupational and Environmental Medicine*, 56, 539-543.

Bosco, M.L, Varrica, D., Dongarra, G., 2005. Case study: inorganic pollutants associated with particulate matter from an area near a petrochemical plant. *Environmental Research*, 99, 18-30.

Cetin, E., Odabasi, M., Seyfioglu, R., 2003. Ambient volatile organic compound (VOC) concentrations around a petrochemical complex and a petroleum refinery. *Science of the Total Environment*, 312, 103-112.

Chen, P.C., Lai, Y.M., Wang, J.D., Yang, C.Y., Hwang, J.S., Kuo, H.W., Huang, S.L., Chan, C.C., 1998. Adverse effect of air pollution on respiratory health of primary school children in Taiwan. *Environmental Health Perspectives*, 106, 331-335.

de Freitas, C.U., Campos, R.A.G., Rodrigues Silva, M.A.F., Panachão, M.R.I., de Moraes, J.C., Waissmann, W., Chacra, A.R., Maeda, M.Y.S., Rodrigues, R.S.M., Belchor, J.G., Barbosa, S.O., Santos, R.T.M., 2010. Can living in the surroundings of a petrochemical complex be a risk factor for autoimmune thyroid disease? *Environmental Research*, 110, 112-117.

Dewulf, J., Langenhove, H.V., 1999. Anthropogenic volatile organic compounds in ambient air and natural waters: a review on recent developments of analytical methodology, performance and interpretation of field measurements. *Journal of Chromatography A*, 843, 163-177.

Edwards, R., Pless-Mulloli, T., Howel, D., Chadwick, T., Bhopal, R., Harrison, R., Gribbin, H.,

2006. Dose living near heavy industry cause lung cancer in women? A case-cotrol study using life grid interviews. *Thorax*, 61, 1076-1082.

European Commission, 2000. Directive 2000/69/EC of the European Pariliament and of the Council of 16 November relating to limit values for benzene and carbon monoxide in ambient air. Brussels, Belgium: European Commission.

Ferlay, J., Bray, F., Pisani, P., Parkin, B.M., 2001. Globocan 2000: cancer incidence, mortality and prevalence worldwide, Version 1.0. IARC Cancerbase No. 5. IARC Press, Lyon, France.

Fustinoni, S., Campo, L., Satta, G., Campagnz, M., Ibba, A., Tocco, M.G., Atzeri, S., Avataneo, G., Flore, C., Meloni, M., Bertazzi, P.A., Cocco, P., 2012. Environmental and lifestyoe factors affect benzene uptake biomonitoring of residents near a petrochemical plant. *Environment International*, 39, 2-7.

International Agency for Research on Cancer (IARC), 1987. Monographs on the evaluation of the carcinogenic risk of IARC monograph, volumes 1 to 42. Suppl. 7. Lyon, France: World Health Organization.

Kalabokas, P.D., Hatzianestis, J., Bartzis, J.G., Papagiannakopoulos, P., 2001. Atmospheric concentrations of saturated and aromatic hydrocarbons around a Greek oil refinery. *Atmospheric Environment*, 35, 2545-2555.

Kaldor, J., Harris, J.A., Glazer, E., Glaser, S., Neutra, R., Mayberry, R., Nelson, V., Robinson, L., Reed, D., 1984. Statistical association between cancer incidence and major-cause mortality, and estimated residential exposure to air emissions from petroleum and chemical plants. *Environmental Health Perspectives*, 54, 319-332.

Lin, T.Y., Sree, U., Tseng, S.H., Chiu, K.H., Wu, C.H., Lo, J.G., 2004. Volatile organic compound concentrations in ambient air of Kaohsiung petroleum refinery in Taiwan. *Atmospheric Environment*, 38, 4111-4122.

Linet, M.S., 1996. The leukemias. New York, NY: Oxford University Press.

Liu, C.C., Chen, C.C., Wu, T.N., Yang, C.Y., 2008. Association of brain cancer with residential exposure to petrochemical air pollution in Taiwan. *Journal of Toxicology and Environmental Health, Part A*, 71, 310-314.

Loyo-Berríos, N.I., Irizarry, R., Hennessey, J.G., Tao, X.G., Matanoski, G., 2007. Air pollution sources and children asthma attacks in Catano, Puerto Rico. *American Journal of Epidemiology*, 165, 927-935.

Lyons, R.A., Monaghan, S.P., Heaven, M., Littlepage, B.N.C., Vincent, T.J., Draer, G.J., 1995. Incidence of leukaemia and lymphoma in young people in the vicinity of the petrochemical plant at Baglan Bay, South Wales, 1974-1991. *Occupational and Environmental Medicine*, 52, 225-228.

Moraes, A.C., Ignotti, E., Netto, P.A., Jacobson-Lda, S., Castro, H., Hacon-Sde, S., 2010. Wheezing in children and adolescents living next to a petrochemical plant in Rio Grande do Norte, Brazil. *Jornal de Pediatria*, 86, 337-344.

Na, K., Kim, Y.P., Moon, K.C., Fung, K., 2001. Concentrations of volatile organic compounds in an industrial area of Korea. *Atmospheric Environment*, 35, 2747-2756.

Nadal, M., Mari, M., Schuhmacher, M., Domngo, J.L., 2009. Multi-compartmental environmental surveillance of a petrochemical area: levels of micropollutants. *Environment International*, 35, 227-235.

Pan, B.J., Hong, Y.J., Chang, G.C., Wang, M.T., Cinkotai, F.F., Ko, Y.C., 1994. Excess mortality among children and adolescents in residential districts polluted by petrochemical manufacturing plants in Taiwan. *Journal Toxicology and Environmental Health*, 43, 117-129.

Pless-Mulloli, T., Phillimore, P., Moffatt, S., Bhopal, R., Foy, C., Dunn, C., Tate, J., 1998. Lung cancer, proximity to industry, and poverty in Northeast England. *Environmental Health Perspectives*, 106, 189-196.

Ramírez, N., Cuadras, A., Rovira, E., Borrull, F., Marcé, R.M., 2012. Chronic risk assessment of exposure to volatile organic compounds in the atmosphere near the largest Mediterranean industrial site. *Environment International*, 39, 200-209.

Ritz, B., Yu, F., Chapa, G., Fruin, S., 2000. Effect of air pollution on preterm birth among children born in Southern Califorina between 1989 and 1993. *Epidemiology*, 11, 502-511.

Rovira, E., Cuadras, A., Aguilar, X., Esteban, L., Borràs-Santos, A., Zock, J.P., Sunyer, J., 2014. Asthma, respiratory symptoms and lung function in children living near a petrochemical site. *Environmental Research*, 133, 156-163.

Rusconi, F., Catelan, D., Accetta, G., Peluso, M., Pistelli, R., Barbone, F., Felice E.D., Munnia, A., Murgia, P., Palandini, L., 2011. Asthma symptoms, lung function, and markers of oxidative stress and inflammation in children exposed to oil refinery pollution. *Journal of Asthma*, 48, 84-90.

Shie, R.H., Yuan, T.H., Chan, C.C., 2013. Using pollution roses to assess sulfur dioxide impacts in a township downwind of a petrochemical complex. *Journal of the Air & Waste Management Association*, 63, 702-711.

Smargiassi, A., Kosatsky, T., Hicks, J., Plante, C., Armstrong, B., Villeneuve, P.J., Goudreau, S., 2009. Risk of asthmatic episodes in children exposed to sulfur dioxide stack emissions from a refinery point source in Montreal, Canada. *Environmental Health Perspectives*, 117, 653-659.

Tsai, S.P., Cardarelli, K.M., Wendt, J.K., Fraser, A.E., 2004. Mortality patterns among residents in Louisiana's industrial corridor, USA, 1970-99. *Occupational and Environmental Medicine*, 61, 295-304.

USEPA, 1995. Profile of the petroleum refining industry. Sector notebook project EPA/310-R-95-013 SIC2911. EPA Office of Compliance.

Weng, H.H., Tsai, S.S., Chiu, H.F., Wu, T.N., Yang, C.Y., 2008. Association of children leukemia with residential exposure to petrochemical air pollution in Taiwan. *Inhalation Toxicology*, 20, 31-36.

Wichmann, F.A., Müller, A., Busi, L.E., Cianni, N., Massolo, L., Schlink, U., Porta, A., Sly, P.D., 2009. Increased asthma and respiratory symptoms in children exposed to petrochemical pollution. *Journal of Allergy Clinical Immunology*, 123, 632-638.

Wilkinson, P., Thakrar, B., Walls, P., Landon, M., Falconer, S., Grundy, C., Elliott, P., 1999. Lymphohaematopoietic malignancy around all industrial complexes that include major oil refineries in Great Britain. *Occupational and Environmental Medicine*, 56, 577-280.

Xu, X., Cho, S.I., Sammel, M., You, L., Cui, S., Huang, Y., Ma, G., Padungtod, C., Pothier, L., Niu, T., Christiani, D., Smith, T., Ryan, L., Wang, L., 1998. Association of petrochemical exposure with spontaneous abortion. *Occupational and Environmental Medicine*, 55, 31-36.

Xu, X., Ding, H., Wang, X., 1995. Acute effects of total suspended particles and sulfur dioxides on preterm delivery: a community-based cohort study. *Archives of Environmental Health*, 50, 407-415.

Yang, C.Y., Chang, C.C., Chuang, H.Y., Ho, C.K., Wu, T.N., Chang, P.Y., 2004. Increased risk of preterm delivery among people living near the three oil refineries in Taiwan. *Environment International*, 30, 337-342.

Yang, C.Y., Chiu, H.F., Tsai, S.S., Chang, C.C., Chuang, H.Y., 2002. Increased risk of preterm delivery in areas with cancer mortality problems from petrochemical complexes. *Environmental Research*, 89, 195-200.

Yang, C.Y., Cheng, M.F., Chiu, J.F., Tsai, S.S., 1999. Female lung cancer and petrochemical air pollution in Taiwan. *Archives of Environmental Health*, 54, 180-185.

Yang, C.Y., Chiu, H.F., Chiu, J.F., Kao, W.Y., Tsai, S.S., Lan, S.J., 1997a. Cancer mortality and residence near petrochemical industries in Taiwan. *Journal of Toxicology and Environmental Health*, 50, 265-273.

Yang, C.Y., Wang, J.D., Chan, C.C., Chen, P.C., Huang, J.S., Cheng, M.F., 1997b. Respiratory and irritant health effects of a population living in a petrochemical-polluted area in Taiwan. *Environmental Research*, 74, 145-149.

Yu, C.L, Wang, S.F., Pan, P.C., Wu, M.T., Ho, C.K., Smith, T.J., Pothier, L., Christinai D.C., the Kaohsiung Leukemia Research Group, 2006. Residential exposure to petrochemicals and the risk of leukemia: using geographic information system tools to estimate individual-level residential exposure. *American Journal of Epidemiology*, 164, 200-207.

Zusman, M., Dubnov, J., Barchana, M., Portnov, B.A., 2012. Residential proximity to petroleum storage tanks and associated cancer risks: double kernel density approach vs. zonal estimates. *Science of the Total Environment*, 441, 265-276.

第五章

PM$_{2.5}$與石化產業

莊秉潔、郭珮萱、古鎧禎、鄭逸瑋、李泓錡

一、摘要

目前雲嘉南及高屏地區為臺灣空氣汙染最嚴重的區域，而高雄地區居民之壽命為五都中最低者。而高雄地區之低壽命，部分可以由細懸浮微粒（$PM_{2.5}$）之汙染來解釋。本文試著分析雲嘉南高屏地區高$PM_{2.5}$濃度的原因及評估石化專區對$PM_{2.5}$健康風險之影響。以2007年之資料初步分析顯示，空氣品質受固定汙染源的影響有由北往南呈現遞增的趨勢。且南部之$PM_{2.5}$高濃度的原因，除了受當地汙染源之影響外（如中鋼占1.8 $\mu g/m^3$），主要額外受臺北、桃園及中雲嘉之石化及電力業等中大型汙染源的額外之影響。如六輕占3 g/m^3、台化彰化廠占1.4 $\mu g/m^3$、台化新港廠占1.2 $\mu g/m^3$、臺中電廠0.6 $\mu g/m^3$及華亞汽電占0.5 $\mu g/m^3$。而目前國家之年平均標準為15 $\mu g/m^3$，以上述六家工廠（工業區），就占限值的一半了。而根據國際及這研究本土之資料顯示，$PM_{2.5}$濃度每增加10 $\mu g/m^3$，將減少壽命達0.6-0.7歲。表示上述汙染源對國人之健康影響是不可忽略的。石化專區之規劃，我們評估不同基地可能造成的空汙及健康的影響，以五輕及六輕工業區為例，評估除現址外，還包括了經濟部預計之高雄港區、遷村後的大林蒲、南星計畫區，並再加了小琉球及恆春兩地。初步結果發現，經濟部所選之三場址，對南臺灣$PM_{2.5}$之影響並無顯著的改善，需遷移至恆春才能明顯降低對空汙及健康的影響；但仍需有更多元、更完整的評估才能找出最合適的方案。尤其是這些石化產業之社會成本皆未內部化，以造成$PM_{2.5}$之汙染為例，如六輕造成全民壽損達44天，而造成中南部之壽損又比北部為大，如造成雲林、嘉義及南投居民之壽損達100天。如何可以反

應社會成本及兼具公平正義，顯然為現階段永續臺灣，也是考慮石化產業是否值得持續擴張，甚至存廢的主要考慮因素。

二、前言

　　石化等工業易造成空氣、水、土壤等自然環境的危害，同時，這些汙染物也會對人體造成危害。針對空氣汙染，空氣汙染物中漂浮著類似灰塵的粒狀物稱為懸浮微粒（particulate matter, PM），其中粒徑小於或等於2.5 μm的通稱細懸浮微粒（PM$_{2.5}$），PM$_{2.5}$非常細小，約只有頭髮直徑的1/28，可穿越細支氣管壁直達肺泡，同時干擾肺內的氣體交換，引起發炎反應（行政院環保署網站）。近年來，已有越來越多的研究證實空氣中的細懸浮微粒會對健康造成影響，包括：支氣管炎、氣喘、心血管疾病、肺癌等，且無論長期或短期暴露在空氣汙染物的環境之下，皆會提高呼吸道疾病及死亡之風險（Pope et al., 2002; Elliott and Copes, 2011; Turner et al., 2011; Vinikoor-Imler et al., 2011; Crouse et al., 2012; Hoek et al., 2013; Kloog et al., 2013）。

　　目前雲嘉南及高屏地區為臺灣空氣汙染最嚴重的區域（圖5-1），而高雄地區居民之壽命為五都中最低者，根據內政部之統計資料這臺北市、新北市、臺中市、臺南市及高雄市分別為82.7歲、80.5歲、79.2歲、78.6歲及78.4歲（如圖5-2(1)，資料來源：內政部統計查詢網）。而Pope等學者於研究美國主要都會區長期細懸浮微粒（PM$_{2.5}$）濃度及探討與人類壽命長短的關係也中發現，大氣之PM$_{2.5}$濃度每降低10 g/m^{3}有助於提升壽命0.61年（Pope et al., 2009），圖5-2(2)為利用圖5-2(1)中扣掉臺東、花蓮外之臺灣主要縣

市的兩性平均壽命與各縣市挑選一測站之2011～2013年平均PM$_{2.5}$濃度關係，可看到呈現負相關，因此高雄地區之低壽命應該與PM$_{2.5}$之汙染有關，且由迴歸式可知PM$_{2.5}$濃度每降低10 μg/m^{3}有助於提升壽命0.73年和Pope（2009）研究結果相近，顯示臺灣的結果與國際一致。

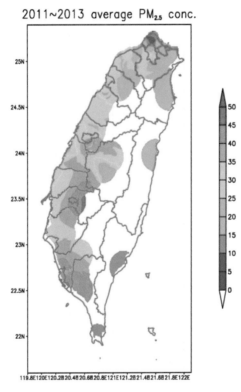

圖5-1　臺灣地區2011-2013年PM$_{2.5}$濃度分布圖

(1)

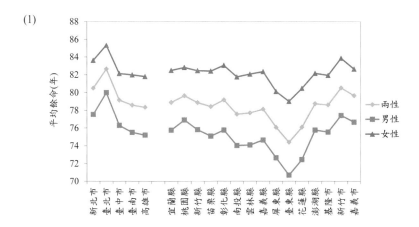

(2)

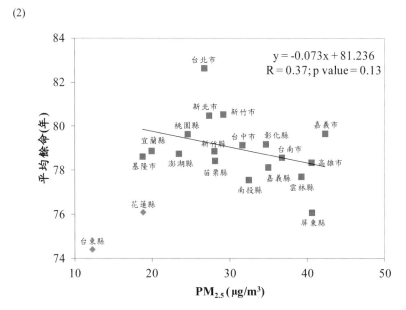

圖5-2　2012年各縣市平均餘命（扣掉臺東、花蓮）與2011-2013年各縣市PM_{2.5}關
　　　係圖。相關係數（r）為0.37，p-value為0.13，均方根誤差為1.26歲。扣掉
　　　臺東、花蓮主要是原住民較多。

　　1970年代起政府推動十大建設大力發展石化工業，同時經濟部強調石化產業上、中、下游對經濟的貢獻良多，許多縣市都設有石化廠。近年來，大眾對石化產業對環境及健康的影響日益重視，尤其在2014年7月高雄氣爆事件之後，大眾更加關注石化產業區對環境及生命的影響。此外，中油第五輕油裂解廠將於2015年9月關閉、遷建，及高雄大社石化區也將於2018年轉型、遷廠，在經濟發展與環境、健康風險皆重要的情況下，政府不得不仔細思考石化產業在臺灣未來的發展方向。目前，為了加強石化區的管理及降低石化區可能造成健康的危害，政府有意讓臺灣石化產業逐步走向「量在外、質在內」的方向，針對高雄地區之石化產業，經濟部傾向在高雄港區、遷村後的大林蒲、南星計畫區等基地，擇地籌設約三、四百公頃的石化專區，讓仁武、大社業者搬入，期盼能達到產業集中管理及減低人民健康危害的目標。

　　因此，為了關心我們生活的環境，本篇以細懸浮微粒汙染物為主，探討臺灣自1970年代加強工業發展至今，空氣品質的變化，並以空氣品質模式了解目前各地區之汙染來源分布，最後，以空氣品質模式模擬石化廠設置於不同石化專區預定地後，可能對空氣品質造成的影響，以及可能造成的健康危害（如：壽命損失）。

三、歷史細懸浮微粒（PM$_{2.5}$）濃度分析

　　1970年代起促進石化工業發展後，高雄逐步被打造為石化重鎮，1980年代起要求工廠遷出臺北，臺北地區工業汙染源逐步減少，但可惜當時PM$_{2.5}$對健康的影響尚未被注重，無實際監測PM$_{2.5}$資料，因此，無法由監測值直接了解臺灣地區PM$_{2.5}$濃度的變化。所

幸，環保署自2004年起開始自動監測PM$_{2.5}$濃度，而氣象局自1960年起已有長期能見度資料，爲了解臺灣PM$_{2.5}$可能的長期濃度變化趨勢，我們利用PM$_{2.5}$會吸收、散射太陽光線、降低能見度之特性（Abbey et al., 1994），以2004-2012年環保署中午（10:00-14:00）之PM$_{2.5}$資料及氣象局之能見度資料，來建立臺灣PM$_{2.5}$濃度與能見度之關係，並推估1960至2004年的PM$_{2.5}$濃度。迴歸統計以基隆、板橋、臺中、臺南、花蓮及臺東爲代表，同時考慮起霧所造成能見度不良的影響，僅選用日平均相對溼度小於70%及日累積降雨量等於0之資料，表5-1及圖5-3爲迴歸統計篩選條件及結果，由圖3可以看出，PM$_{2.5}$之濃度與能見度呈負相關。圖5-4爲根據統計結果，利用各地區氣象站能見度資料所推估的PM$_{2.5}$濃度，臺北在1960～1980/1990年代PM$_{2.5}$爲全臺最高，宜蘭在1970年以前也不好，而中南部空氣並非一直很差，是最近30年才開始惡化，在1980年以前都遠比臺北爲佳。

表5-1　能見度與PM$_{2.5}$濃度迴歸分析之篩選條件及結果

資料來源	資料篩選	迴歸方程式	R^2	P-test
基隆、板橋、台中、台南、花蓮和台東測站日均值資料	1.日平均相對溼度小於70% 2.日累積降雨量爲0	$PM_{2.5} = \dfrac{430.52}{3.20 + Vis}$	0.40	<0.0001

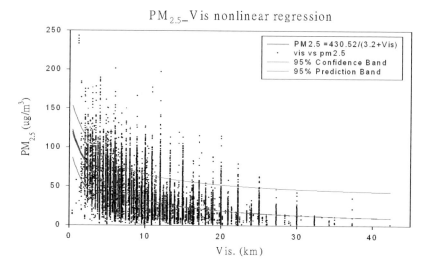

圖5-3　能見度與PM$_{2.5}$濃度之相關性

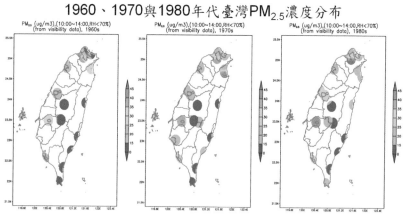

* 北部地區逐漸轉為出口導向之臺灣經濟發展政策，導致空氣品質惡化。
* 隨著臺中火力發電廠之營運，中部地區空氣品質逐漸惡化。
* 高雄地區由於造船廠、煉鋼廠和石化廠等工廠設立，使得空氣品質逐漸惡化。

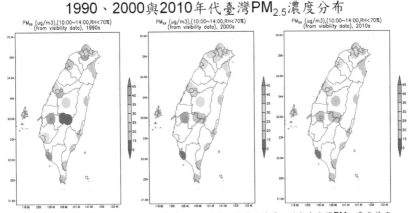

1990、2000與2010年代臺灣PM₂.₅濃度分布

- 高雄地區重工業發展造成空氣品質惡化程度逐漸超越臺北地區，近年來臺灣PM₂.₅濃度最高之地區，約45 μg/m³。
- 東部地區工廠數量少於西部地區，PM₂.₅濃度較低，約20-25 μg/m³。

圖5-4　1960～2010年代臺灣PM₂.₅濃度分布

　　大氣中的PM₂.₅，依其性質又可分成原生性及衍生性，原生性係指排放到大氣中未經化學反應即為PM₂.₅，如海鹽飛沫、營建工地粉塵、車行揚塵及工廠直接排放。而衍生性氣膠則係指被釋出之非PM₂.₅之化學物質（稱為前驅物，可能為固體、液體或氣體），在大氣中經過一連串複雜的光化反應後成為PM₂.₅的微粒，主要為硫酸鹽、硝酸鹽及銨鹽。PM₂.₅之來源可分為自然源與人為源，自然源主要由海鹽飛沫、火山爆發及地殼岩石風化而來，人為源主要由石化燃料及工業排放、移動源廢氣等燃燒行為而來。目前，大氣中大部分的PM₂.₅來源以人為源為主，一個地區的PM₂.₅，除了當地的汙染源排放產生之外，也包括了境外汙染物在長程傳輸過程中所產生的PM₂.₅。

　　因PM₂.₅主要來源以人為源為主，我們使用TEDS排放清冊資料

庫推估的1988、1997、及2007年排放量作爲驗證（行政院環保署，1992; 2001; 2009），將臺北地區、臺中地區、高雄地區、花蓮地區及臺東地區之主要汙染物（SO_2, NO_x, PM_{10}）加總起來，並假設SO_2與NO_x會全部轉換成硫酸鹽（SO_4^{2-}）及硝酸鹽（NO_3^-），並與大氣中的銨鹽（NH_4^+）酸鹼中和，成爲氣膠汙染物硫酸銨（$(NH_4)_2SO_4$）與硝酸銨（NH_4NO_3），再依照粗細粒比例（PM_{10}、$(NH_4)_2SO_4$、NH_4NO_3與$PM_{2.5}$之粗細粒比分別爲0.46、0.85、0.58）（Tsuang, 2003），將PM_{10}、$(NH_4)_2SO_4$與NH_4NO_3換算爲$PM_{2.5}$之重量並加總起來（Total $PM_{2.5}$），結果如表2所示（莊秉潔，2011）。

　　1988年臺北地區在$PM_{2.5}$的總量及單位面積都是最高的，與圖5-4臺北地區$PM_{2.5}$的模擬值最高相符合，而到了1997年時，臺中及高雄地區汙染物排放量由於工業發展而逐漸提高，臺北地區則於1980年代開始要求工廠遷出後，使得$PM_{2.5}$濃度開始低於高雄地區，而臺中地區的空氣汙染情形在此時也明顯比1988年嚴重，結果與圖5-4模擬相似。2007年時，臺北地區的$PM_{2.5}$空氣汙染情形已低於臺中地區與高雄地區，而在東部的花蓮及臺東地區，空氣品質都比西半部的臺北、臺中及高雄地區良好，花蓮地區$PM_{2.5}$濃度高於臺東地區，也與使用迴歸式所推估之結果趨勢相同。其中較值得注意的事，在空汙費徵收（1995年）後，因高雄爲全台空氣汙染最嚴重的區域（如圖5-1），多次列爲國家之空氣汙染總量管制之示範計劃，許多大型汙染源（如南部電廠、興達電廠）之機組改燒天然氣（資料來源：臺灣電力公司網站），目前（2007年）高雄之總排放量及單位面積排放量已低於臺北，但$PM_{2.5}$之汙染卻是三都中最嚴重者（如圖5-1）。很顯然無法完全由當地（高雄）之汙染之排放所解釋，需更進一步分析其汙染來源。

表5-2 臺灣地區主要城市總PM_{2.5}（Total PM_{2.5}）

地區	臺北		臺中		高雄		花蓮		臺東	
	總和	單位面積	總和	單位面積	總和	單位面積	總和	單位面積	總和	單位面積
1988年	364	157	75	34	305	104	26	6	10	3
1997年	136	59	262	118	360	122	29	6	12	3
2000年										
2003年										
2007年	108	46	113	51	107	36	38	8	7	2

1.「總和」單位：千公噸；「單位面積」單位：噸／平方公里
2.資料來源：莊秉潔（2011）

四、2007年各測站細懸浮微粒（PM_{2.5}）之來源分析

　　而各個地區的PM_{2.5}由何來？對各地區PM_{2.5}之主要來源了解後，才有助於未來施政方向及石化專區的規劃，若多個地區因上、下風之關係皆受到某些工業區之影響，顯示並不適合在該工業區中再增設新的固定源，除了另外找尋影響量較小的地區，該工業區也需考慮遷廠的問題。為了解各地區PM_{2.5}的主要來源，本篇選用高斯軌跡煙流模式（Gaussian trajectory transfer-coefficient model，簡稱GTx）進行模擬分析工作，此模式可同時模擬一地區之PM_{2.5}濃度及計算該PM_{2.5}濃度之主要來源分布，也可針對單一汙染源模擬對下風處的影響量，且模式應用於臺灣的空氣品質的研究成果已發表在多篇期刊中（Tsuang et al., 2003a, 2003b; Kuo et al., 2009; Kuo et al., 2014），因此選用此模式作為模擬分析工具，更多的模式原理說明

可參考Tsuang（2003）。

　　模擬使用的排放量資料爲TEDS7.0推估之2007年排放量資料（行政院環保署，2009），並使用2007年氣象局及環保署各測站之氣象資料進行濃度推估，由於模式在SO_2濃度模擬值與觀測值的驗證上，發現在大型固定源附近常有觀測濃度遠高於模擬濃度的現象，且過去有工廠爆發短報空汙排放量的情況（臺灣曼寧公司，2012；蘋果日報，2013；中央社，2014），故推測此低估可能與短報排放量有關。因此，先針對短報或疑似短報排放量之工廠、雲林縣麥寮鄉所有固定源（含麥寮石化工業區，文中統稱「六輕工業區，六輕，6NCP」）、高雄楠梓區中油公司工廠（文中統稱「五輕工業區，五輕，5NCP」），及其他所有固定源進行排放量校正，短報工廠之SO_2排放量需乘上6～90倍，六輕工業區所有固定源需乘上18倍，而其他所有工廠需乘上1.4倍（表5-3）。

　　表5-3爲依據$PM_{2.5}$排放當量（計算方法同表5-2）取出全臺前21大固定源、短報或疑似短報排放量之工廠、雲林縣麥寮鄉所有固定源及高雄地區石化工業所在區域，列出其原始及校正後之SO_2排放量及$PM_{2.5}$排放當量，並依照校正後之$PM_{2.5}$當量大小排序，列表之工廠亦爲模擬選用之工廠，原始SO_2排放量及$PM_{2.5}$排放當量分占全台固定源之75%及70%，且校正後之SO_2排放量及$PM_{2.5}$排放當量分占全台固定源之84%及78%。目前調整之倍數爲初步結果，尤其是調整倍數較高之工廠或工業區，仍是需要針對其使用原料、生產製程、防治設備及環保署計算實際短報排放量等資料，再進一步進行更詳細的評估，才可獲得較正確倍數調整的數字，然針對實有短報排放量情事之工廠（如：華亞汽電廠及南亞錦興廠），迴歸分析後之調整倍數也較高，故此倍數應可作爲後續分析工作之參考。由表

中可以看出表列中之33大汙染源，大部分爲石化、鋼鐵、電力業及水泥業。目前最大汙染源爲六輕，中鋼爲第二，臺中電廠爲第三，高雄小港（扣除中鋼）爲第四，而協和電廠爲第五。

　　排放量調整後，以台西測站爲例，在不同風向之下SO$_2$濃度分布如圖5-5所示，圖中0°爲北風，90°爲東風，180°爲南風，270°爲西風，可發現在北風（330°～30°之間）的情況下觀測值（obs）有明顯的高值，但模式最初的模擬結果（ori），無法模擬此情況下之高值，而在排放量調整後（adj），模擬之濃度之已與觀測值接近，顯示排放量調整應有其必要性，更多倍數調整之說明可參考古（2013）。

表5-3　全臺前21大（以原始排放當量排序）及主要高雄地區固定源排放量（TEDS 2007）及校正倍數。（依PM$_{2.5}$之排放當量排序）

	工廠	縣市	調整倍數	原始 SO$_2$ （噸／年）	校正後 SO$_2$ （噸／年）	原始 PM$_{2.5}$當量 （噸／年）	校正後 PM$_{2.5}$當量 （噸／年）
1	麥寮鄉所有固定源（六輕）	雲林縣	18.4	4,017	73,917	19,848	142,392
2	中鋼	高雄市	1.39	17,542	24,384	48,926	60,920
3	臺中電廠	臺中縣	1.39	14,073	19,561	50,926	60,548
4	高雄小港區（包含大林發電廠、中油小港廠，不含中鋼）	高雄市	1.39	15,021	20,879	39,539	49,809
5	協和發電廠	基隆市	1.39	13,885	19,300	31,728	41,222
6	高雄永安區（包含興達發電廠）	高雄縣	1.39	8,554	11,890	33,266	39,115
7	華亞汽電廠	桃園縣	92.18	239	21,995	967	39,110
8	興達發電廠	高雄縣	1.39	8,374	11,639	32,752	38,477

	工廠	縣市	調整倍數	原始 SO_2（噸／年）	校正後 SO_2（噸／年）	原始 $PM_{2.5}$當量（噸／年）	校正後 $PM_{2.5}$當量（噸／年）
9	大林發電廠	高雄市	1.39	10,918	15,176	26,646	34,111
10	高雄林園區（包含中油石化部、台塑林園廠）	高雄縣	1.39	6,350	8,827	18,418	22,760
11	台化	彰化縣	1.39	5,784	8,040	12,820	16,774
12	南亞塑膠樹林廠	臺北縣	69.65	121	8,456	1,107	15,719
13	台化新港廠	嘉義縣	6.8	868	5,904	4,978	13,806
14	高雄縣市（除楠梓.大社.大寮.小港.仁武.永安.林園外所有工廠）	高雄縣市	1.39	2,532	3,519	11,113	12,844
15	南亞塑膠錦興廠	桃園縣	35.1	182	6,373	1,003	11,857
16	中油石化部	高雄縣	1.39	3,314	4,606	8,821	11,087
17	和平發電廠	花蓮縣	1.39	2,871	3,990	7,259	9,221
18	中油煉製部（小港）	高雄市	1.39	2,646	3,678	7,027	8,836
19	林口發電廠	臺北縣	1.39	1,481	2,059	7,142	8,155
20	中油煉製部（龜山）	桃園縣	1.39	2,301	3,199	6,448	8,021
21	亞洲水泥花蓮廠	花蓮縣	1.39	850	1,181	7,195	7,776
22	永豐餘新屋廠	桃園縣	5.96	675	4,021	1,446	7,312
23	高雄仁武區（包含台塑仁武廠）	高雄縣	1.39	1,545	2,147	6,184	7,240
24	臺灣水泥蘇澳廠	宜蘭縣	1.39	228	317	7,065	7,221
25	豪傑實業（洗衣業）	彰化縣	1.39	2,172	3,019	5,726	7,211
26	通霄發電廠	苗栗縣	1.39	44	61	6,135	6,165
27	高雄大社區	高雄縣	1.39	1,777	2,470	4,913	6,128

	工廠	縣市	調整倍數	原始 SO₂（噸／年）	校正後 SO₂（噸／年）	原始 PM₂.₅當量（噸／年）	校正後 PM₂.₅當量（噸／年）
28	臺灣水泥和平廠	花蓮縣	1.39	23	32	5,803	5,819
29	台塑仁武廠	高雄縣	1.39	1,050	1,459	3,832	4,550
30	台塑林園廠	高雄縣	1.39	1,102	1,532	3,776	4,530
31	高雄楠梓區（包含五輕）	高雄市	1.39	989	1,375	3,423	4,099
32	五輕（中油在高雄楠梓之三家工廠）	高雄市	1.39	925	1,285	2,344	2,977
33	高雄大寮區	高雄縣	1.39	477	664	2,228	2,555
	小計（占比）			104,601（75%）	257,581（84%）	345,604（70%）	613,796（78%）
	全台所有工廠（占比）			138,975（100%）	305,360（100%）	496,709（100%）	788,404（100%）

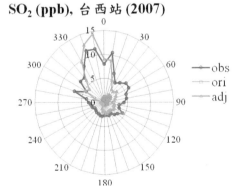

SO₂ (ppb), 台西站 (2007)

圖5-5　台西測站風向與SO₂濃度關係圖。圖中0°為北風，90°為東風，180°為南風，270°為西風，可發現在北風（330°～30°之間）的情況下觀測值（obs）有明顯的高值，但模式使用六輕TEDS之原始排放量之模擬結果（ori），無法模擬此情況下之高值。而在排放量調整後18倍後，模擬之濃度（adj）之已與觀測值接近，顯示排放量調整應有其必要性。

模式所模擬的PM$_{2.5}$包括：原生性PM$_{2.5}$（priPM$_{2.5}$）、硫酸鹽（SO$_4^{2-}$）、硝酸鹽（NO$_3^-$）及銨鹽（NH$_4^+$）。而大氣中的SO$_2$在大氣中會轉換為SO$_4^{2-}$，NO$_x$會轉換為NO$_3^-$，且大氣中的NH$_4^+$會與SO$_4^{2-}$及NO$_3^-$進行酸鹼中和分別形成（NH$_4$）$_2$SO$_4$及（NH$_4$）NO$_3$。因此，在大氣之NH$_4^+$充分供應的假設條件下，NH$_4^+$之模擬濃度會受模擬之SO$_4^{2-}$及NO$_3^-$濃度影響（關係式如下式）。

$$[NH_4^+] = [SO_4^{2-}] \times 2 \times \frac{MNH_4}{MSO_4} + [ON_3^-] \times 1 \times \frac{MNH_4}{MNO_3} \quad (1)$$

其中，[SO$_4^{2-}$]、[NO$_3^-$]、[NH$_4^+$]為硫酸鹽、硝酸鹽及銨鹽之濃度（μg/m^3），MSO$_4$、MNO$_3$及MNH$_4$代表硫酸鹽、硝酸鹽及銨鹽之分子量。上述中的排放量調整倍數，主要用於調整固定源排放之SO$_2$所產生的細粒SO$_4^{2-}$及與SO$_4^{2-}$相關之NH$_4^+$模擬濃度。而原生性PM$_{2.5}$、NO$_3^-$、及與NO$_3^-$相關之NH$_4^+$模擬濃度，則由觀測值減去已調整過的SO$_4^{2-}$及NH$_4^+$濃度後，以表5之所有站數之PM$_{2.5}$之模擬值與觀測值再做線性迴歸，再次進行其他汙染源及境外汙染源影響濃度之調整工作，所得調整倍數約為0.42（表5-4），圖5-6為PM$_{2.5}$觀測值（obs）及以調整過之PM$_{2.5}$模擬值（cal）之關係圖，相關係數為0.74，均方根誤差為5.56 μg/m^3。

表5-4　PM$_{2.5}$各汙染源排放量之調整倍數

來源	物種	調整倍數
固定源	(NH$_4$)$_2$SO$_4$ priPM$_{2.5}$、(NH$_4$)NO$_3$	依表5-3 0.418
移動源 面源境外傳輸	(NH$_4$)$_2$SO$_4$ priPM$_{2.5}$、(NH$_4$)NO$_3$	1 0.418

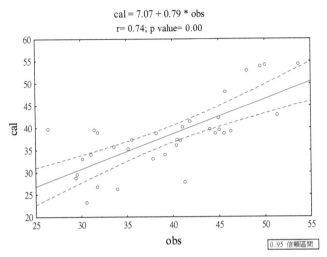

cal = 7.07 + 0.79 * obs
r= 0.74; p value= 0.00

圖5-6　PM₂.₅觀測值（obs）及以調整過之PM₂.₅模擬值（cal）之關係圖。紅色虛線
　　　表示0.95信賴區間。相關係數（r）為0.74，均方根誤差為5.56 μg/m³。

　　表5-5為排放倍數調整後之模擬結果，針對2007年北部6個測站
（土城、新莊、古亭、桃園、大園、湖口）、中部14個測站（三
義、豐原、沙鹿、忠明、彰化、線西、二林、南投、崙背、新港、
朴子、台西、嘉義、竹山）、南部14個測站（新營、臺南、美濃、
橋頭、仁武、鳳山、大寮、楠梓、左營、前金、前鎮、小港、屏
東、潮州）進行PM₂.₅觀測與模擬之各汙染源所占濃度及比例的結
果。由表5-5可知，整體而言，點源占30～60%、線源占10～15%、
面源占10～25%，此外，境外傳輸占15～30%，和國內學者研究
指出境外傳輸占我國PM₂.₅濃度比率達30%之結果相近（張艮輝，
2013）。而表5-5中PM₂.₅點源所占百分比有由北往南呈現遞增的趨
勢，顯示中南部地區受固定源影響較大。而固定汙染源除來自當地

本身之貢獻之外，主要包含了來自於其他縣市之大型汙染源經擴散作用所影響，如臺中電廠，六輕工業區等高煙囪大型汙染源（Kuo et al., 2009）及如台化彰化廠之中大型排放源所影響（表6），其範圍可達下風處150公里遠。

表5-5　臺灣北中南各測站之PM$_{2.5}$觀測與模擬之各汙染源所占濃度及比例

測站	觀測值 (µg/m³)	模擬值 (µg/m³)	點源		線源		面源		境外傳輸	
			濃度 (µg/m³)	比例	濃度 (µg/m³)	比例	濃度 (µg/m³)	比例	濃度 (µg/m³)	比例
土城	29.6	29.5	13.3	45.0%	4.4	14.8%	5.9	20.0%	6.0	20.2%
新莊	30.1	33.0	13.3	40.3%	5.7	17.2%	7.8	23.6%	6.2	18.9%
古亭	34.0	26.1	8.4	32.1%	4.2	16.1%	6.3	24.0%	7.3	27.8%
桃園	31.1	34.0	17.6	51.8%	4.2	12.4%	5.6	16.5%	6.6	19.3%
大園	30.5	23.1	10.0	43.4%	2.7	11.8%	3.3	14.2%	7.1	30.6%
湖口	31.7	26.7	12.5	46.9%	2.9	10.9%	3.7	14.0%	7.5	28.1%
北部	31.2	28.7	12.5	43.3%	4.0	13.9%	5.4	18.7%	6.8	24.2%
三義	26.4	39.7	22.8	57.4%	3.5	8.9%	5.0	12.7%	8.3	21.0%
豐原	31.8	38.9	20.7	53.3%	4.2	10.7%	5.8	14.9%	8.2	21.1%
沙鹿	31.5	39.5	21.7	55.0%	4.1	10.3%	5.2	13.2%	8.5	21.5%
忠明	38.2	38.8	17.0	43.9%	5.8	14.9%	7.9	20.3%	8.1	20.9%
彰化	40.9	37.1	20.0	53.9%	4.3	11.7%	5.2	14.1%	7.5	20.3%
線西	33.6	35.8	18.7	52.3%	3.8	10.7%	4.8	13.5%	8.4	23.5%
二林	39.2	34.0	17.5	51.7%	3.7	10.8%	4.7	13.8%	8.1	23.7%
南投	37.8	33.0	16.6	50.2%	3.6	11.0%	5.1	15.4%	7.8	23.5%
崙背	35.1	35.5	18.7	52.9%	3.8	10.9%	5.3	14.9%	7.5	21.3%
新港	40.5	37.3	20.4	54.8%	4.0	10.8%	5.5	14.8%	7.3	19.7%
朴子	35.6	37.3	21.0	56.3%	3.7	9.8%	5.3	14.1%	7.4	19.8%
台西	29.4	28.7	14.5	50.7%	2.5	8.8%	3.6	12.5%	8.0	28.0%

測站	觀測值 (μg/m³)	模擬值 (μg/m³)	點源		線源		面源		境外傳輸	
			濃度 (μg/m³)	比例	濃度 (μg/m³)	比例	濃度 (μg/m³)	比例	濃度 (μg/m³)	比例
嘉義	45.5	38.7	20.7	53.4%	4.4	11.2%	6.0	15.4%	7.8	20.0%
竹山	44.0	39.6	22.2	56.0%	3.3	10.5%	5.2	15.7%	7.9	17.9%
中部	36.4	36.7	19.5	53.0%	3.9	10.7%	5.3	14.6%	7.9	21.9%
新營	41.1	40.1	22.5	56.2%	4.4	10.9%	5.7	14.2%	7.5	18.7%
臺南	41.9	41.5	21.1	50.9%	5.4	12.9%	7.2	17.3%	7.8	18.9%
美濃	41.2	27.8	14.1	50.5%	2.8	10.1%	4.1	14.6%	6.9	24.8%
橋頭	45.0	39.5	20.7	52.4%	4.8	12.2%	6.0	15.2%	8.0	20.3%
仁武	51.3	42.9	22.9	53.3%	5.4	12.5%	7.1	16.6%	7.5	17.6%
鳳山	48.1	52.8	27.3	51.7%	7.5	14.2%	10.5	19.9%	7.5	14.3%
大寮	53.7	54.2	31.1	57.3%	6.4	11.8%	9.1	16.9%	7.6	14.0%
楠梓	46.3	39.3	21.6	54.9%	4.4	11.2%	5.6	14.3%	7.7	19.7%
左營	45.0	42.2	20.7	49.2%	5.8	13.7%	8.0	18.9%	7.6	18.1%
前金	45.7	48.1	23.2	48.2%	6.9	14.4%	9.8	20.4%	8.2	17.0%
前鎮	49.5	53.8	26.0	48.3%	7.8	14.6%	11.5	21.4%	8.5	15.8%
小港	50.0	54.1	32.8	60.7%	5.3	9.7%	7.4	13.7%	8.6	15.9%
屏東	44.6	38.8	20.8	53.7%	4.6	11.8%	6.4	16.5%	6.9	17.9%
潮州	44.0	39.6	22.2	56.0%	4.1	10.5%	6.2	15.7%	7.1	17.9%
南部	46.2	43.9	23.3	53.1%	5.4	12.2%	7.5	16.8%	7.7	17.9%

　　表5-6所列為進一步針對固定源，根據表3，依對全臺平均影響量，列出對全臺影響前12大主要工廠、工業區，以及高雄其他固定源、其他所有固定源之影響量。就對全臺平均影響量，其排序依次為六輕工業區、台化彰化廠、華亞汽電廠、南亞塑膠樹林廠、中鋼、台化新港廠、豪傑實業（洗衣業）及臺中電廠等。而依地區而言，對北部地區影響最大的固定源，為華亞汽電廠及南亞塑膠樹林

廠；對中部地區影響最大的固定源，為六輕工業區及台化；對南部地區影響最大的固定源，為六輕工業區及小港區（包含中鋼）之固定源。雖然合併特定地區的固定源可能會模糊單一工廠的影響量，但表中仍可看到，除了大型工業區之外，一些單一工廠所造成的影響量並不少於一些工業區（如：台化彰化廠，中鋼等）。這汙染濃度之排序與之前表3之排放當量排序不完全相同。以全臺而言，排放量及濃度排序不同的主要工廠為台化彰化廠、華亞汽電廠、南亞塑膠樹林廠、台化新港廠及豪傑實業等五工廠，其原因是這五家工廠所在為臺灣內陸或中南部之上風處，而其汙染擴散之主要範圍為臺灣本島所致。而臺中電廠及中鋼其排放當量雖分別為第二及第三大，但其部分影響範圍包括了海域，因此其汙染臺灣本島之濃度排序反而在台化彰化廠、華亞汽電廠、南亞塑膠樹林廠之後。

表5-6　模擬主要汙染源對臺灣北、中、南代表測站之PM$_{2.5}$影響濃度（單位：μg/m³）。（依對全台之影響排序）

測站	觀測值	模擬值	六輕	台化彰化廠	華亞汽電廠	南亞塑膠樹林廠	中鋼	台化新港廠	豪傑實業(洗衣業)	臺中電廠	高雄小港區(不含中鋼)	高雄永安區	高雄林園區	南亞塑膠錦興廠	高雄其他所有工廠[1]	其他所有工廠[2]	所有工廠[3]
			雲林	彰化	桃園	新北	高雄	嘉義	彰化	臺中	高雄	高雄	高雄	桃園	高雄		
土城	29.6	29.5	0.2	0.1	2.0	2.9	0.0	0.0	0.1	0.0	0.0	0.0	0.0	0.5	0.0	7.3	13.3
新莊	30.1	33.0	0.3	0.1	2.0	2.1	0.0	0.0	0.1	0.0	0.0	0.0	0.0	0.6	0.0	7.9	13.3
古亭	34.0	26.1	0.2	0.1	1.2	1.2	0.0	0.0	0.0	0.0	0.0	0.0	0.0	0.3	0.1	5.1	8.4
桃園	31.1	34.0	0.3	0.2	2.1	2.5	0.0	0.1	0.1	0.1	0.0	0.0	0.0	0.7	0.0	11.5	17.6
大園	30.5	23.1	0.3	0.3	1.1	0.9	0.0	0.0	0.1	0.0	0.0	0.0	0.0	0.6	0.0	6.6	10.0
湖口	31.7	26.7	0.4	0.4	1.6	1.0	0.0	0.1	0.2	0.1	0.0	0.0	0.0	0.8	0.0	7.8	12.5
北部	31.2	28.7	0.3	0.2	1.7	1.8	0.0	0.1	0.1	0.1	0.0	0.0	0.0	0.6	0.0	7.7	12.5
三義	26.4	39.7	1.3	0.7	3.8	2.0	0.1	0.2	0.2	0.7	0.0	0.1	0.0	0.8	0.1	12.8	22.8
豐原	31.8	38.9	1.2	0.9	2.7	1.8	0.0	0.3	0.3	0.6	0.0	0.0	0.0	0.8	0.0	12.0	20.7
沙鹿	31.5	39.5	1.0	1.8	3.0	1.4	0.0	0.2	0.6	0.5	0.0	0.0	0.0	0.9	0.0	12.2	21.7
忠明	38.2	38.8	0.8	1.7	1.5	1.0	0.0	0.2	0.6	0.3	0.0	0.0	0.0	0.5	0.0	10.3	17.0
彰化	40.9	37.1	0.9	2.3	1.9	1.4	0.0	0.2	1.0	0.5	0.0	0.0	0.0	0.6	0.1	11.1	20.0
線西	33.6	35.8	0.9	2.3	1.3	1.2	0.0	0.2	1.5	0.3	0.0	0.0	0.0	0.4	0.0	10.6	18.7
二林	39.2	34.0	1.5	3.1	1.0	0.8	0.0	0.2	1.3	0.3	0.0	0.0	0.0	0.4	0.1	8.8	17.5
南投	37.8	33.0	0.9	1.6	1.3	0.8	0.0	0.4	0.5	0.8	0.0	0.0	0.0	0.5	0.0	9.7	16.6
崙背	35.1	35.3	1.8	4.4	0.9	0.6	0.0	0.4	1.2	0.4	0.0	0.0	0.0	0.3	0.1	8.6	18.7
新港	40.5	37.3	2.7	4.3	0.8	0.5	0.1	1.1	1.1	0.5	0.0	0.0	0.0	0.2	0.1	9.0	20.4
朴子	35.6	37.3	4.3	3.8	0.7	0.4	0.1	1.1	1.0	0.6	0.0	0.0	0.0	0.2	0.2	8.4	21.0

測站	觀測值	模擬值	六輕	台化彰化廠	華亞汽電廠	南亞塑膠樹林廠	中鋼	台化新港廠	豪傑實業(洗衣業)	臺中電廠	高雄小港區(不含中鋼)	高雄永安區	高雄林園區	南亞塑膠錦興廠	高雄其他所有工廠[1]	其他所有工廠[2]	所有工廠[3]
台西	29.4	28.7	2.5	1.0	1.0	0.8	0.0	0.4	1.0	0.5	0.0	0.0	0.0	0.4	0.1	7.0	14.5
嘉義	45.5	38.7	3.0	3.4	0.8	0.4	0.1	1.4	0.9	0.6	0.1	0.1	0.0	0.3	0.2	9.5	20.7
竹山	40.4	36.1	1.7	2.0	2.0	0.9	0.1	0.4	0.6	0.9	0.1	0.1	0.0	0.6	0.1	10.3	19.7
中部	36.1	36.4	1.8	2.4	1.6	1.0	0.0	0.5	0.8	0.5	0.0	0.0	0.0	0.5	0.1	10.0	19.3
新營	41.1	40.1	4.0	3.1	0.6	0.3	0.1	2.2	0.8	0.6	0.1	0.1	0.1	0.2	0.3	10.0	22.5
臺南	41.9	41.5	4.1	1.8	0.5	0.3	0.2	1.9	0.6	0.6	0.1	0.2	0.1	0.2	1.2	9.4	21.1
美濃	41.2	27.8	2.4	1.1	0.7	0.3	0.4	0.9	0.4	0.7	0.2	0.2	0.2	0.2	0.7	5.7	14.1
橋頭	45.0	39.5	3.0	1.3	0.5	0.2	0.4	1.2	0.5	0.6	0.3	2.4	0.3	0.2	3.2	6.8	20.7
仁武	51.3	42.9	3.3	1.5	0.5	0.3	0.7	1.3	0.4	0.7	0.4	1.0	0.5	0.2	5.5	6.6	22.9
鳳山	48.1	52.8	2.9	1.1	0.4	0.2	2.8	1.1	0.5	0.6	1.5	1.1	2.0	0.1	5.8	7.0	27.3
大寮	53.7	54.2	2.8	1.2	0.4	0.2	3.8	1.0	0.4	0.6	2.7	1.1	2.7	0.1	6.8	7.2	31.1
楠梓	46.3	39.3	3.2	1.5	0.6	0.3	0.4	1.4	0.5	0.7	0.3	1.3	0.3	0.2	4.4	6.6	21.6
左營	45.0	42.2	3.1	1.2	0.4	0.2	0.6	1.1	0.4	0.6	0.4	1.1	0.5	0.2	4.5	6.6	20.7
前金	45.7	48.1	3.0	1.1	0.4	0.2	1.2	1.1	0.5	0.6	0.7	1.3	0.6	0.2	5.5	6.9	23.2
前鎮	49.5	53.8	3.0	1.0	0.4	0.3	2.6	1.0	0.4	0.6	1.3	1.1	1.4	0.2	6.1	6.6	26.0
小港	50.0	54.1	3.2	1.1	0.6	0.3	9.2	1.0	0.4	0.8	3.5	0.8	1.7	0.2	4.1	6.1	32.8
屏東	44.6	38.8	2.2	1.2	0.4	0.2	1.2	0.8	0.4	0.5	0.8	0.6	0.9	0.1	3.4	7.9	20.8
潮州	44.0	39.6	2.4	1.0	0.4	0.2	2.3	0.8	0.4	0.6	1.7	0.7	1.7	0.1	3.7	6.2	22.2
南部	46.2	43.9	3.0	1.4	0.5	0.2	1.8	1.2	0.5	0.6	1.0	0.9	0.9	0.2	3.9	7.1	23.3
平均	39.1	37.8	2.0	1.6	1.2	0.9	0.7	0.7	0.6	0.5	0.7	0.4	0.4	0.4	1.6	8.4	19.6

註：1.「高雄其他所有工廠」：除小港區及永安區及林園區、高雄縣、市（大高雄地區）其他所有固定源之模擬結果。
2.「其他所有工廠」：除表列的特定固定源或特定區域的固定源外，其他所有固定源之模擬結果。

五、石化專區之細懸浮微粒健康風險之初步評估

　　由於$PM_{2.5}$對健康造成負面的影響已在許多文獻中被證實，且Pope等學者於研究美國主要都會區長期$PM_{2.5}$濃度及探討與人類壽命長短的關係中發現，大氣之$PM_{2.5}$濃度每降低10 $\mu g/m^3$有助於提升壽命0.61年（Pope et al., 2009），反言之，倘若大氣之$PM_{2.5}$濃度每提高10 $\mu g/m^3$，將降低壽命0.61年。由上述的各地區汙染源影響比例表可知，石化區設立在中部地區，無論東北季風或西南季風盛行的季節，皆會造成影響，且也有研究發現，大型汙染源設置地點對汙染物濃度分布影響大，若設置地點選擇得當，可明顯縮小汙染物的影響範圍，同時降低健康風險（Kuo et al., 2014）。因此，為了解石化廠設置於各預定地可能造成的影響，此處先利用空氣品質模式推估出各石化專區可能產生的$PM_{2.5}$濃度，了解各專區可能造成的$PM_{2.5}$影響範圍之後，再假設石化區所產生的$PM_{2.5}$成分與Pope學者研究之$PM_{2.5}$成分相似，利用$PM_{2.5}$濃度與壽命損失之關係，可進一步推算石化廠設於各專區可能造成的壽命損失。故使用Pope等學者之係數（Pope et al., 2009），仿照Kuo等（Kuo et al., 2014）的方法進行壽命損失推估。

　　研究的工業區範圍包括：(1)六輕工業區，及(2)五輕工業區，並模擬石化專區設置於(1)目前地點（圖5-7），經濟部預訂之(2)大林蒲，(3)高雄港區，(4)南星計畫區，以及外島(5)小琉球臺灣最南端(6)恆春（圖5-8）等地可能造成的影響。目標工業區之排放量依據表4調整倍後如表7所示，並使用2007年氣象局及環保署各測站之氣象資料進行濃度推估。

表5-7　目標工業區模擬使用之排放量總量（已調整倍數）

物種	五輕工業區 （噸／年）	六輕工業區 （噸／年）
SO₂	1285.4	73917.4
NOx	270.8	5127.8
原生性PM₂.₅	36.1	168.7

圖5-7　六輕工業區及五輕工業區（紅色方框）位置圖

（圖片來源：臺灣工業文化資產網，http://iht.nstm.gov.tw/form/index-1.asp?m=2&m1=3&m2=76&gp=21&id=7）

圖5-8　經濟部預訂之高雄港區、大林蒲及南星計畫區及本研究所測試之小琉球及
　　　　恆春核三廠兩地點示意圖

（圖片來源：Google Earth）

　　模擬的五輕及六輕移至各預定區可能造成的PM$_{2.5}$年平均濃度
分布如圖5-9及圖5-10所示，依序為原址、高雄港區、大林蒲、南
星計畫區、小琉球及恆春（核三廠），並以▲標示遷移之工廠所
在位置。圖5-9為假設五輕工業區設置於各預定地區之模擬結果，
由圖5-9(1)可知，五輕在原址對臺灣的影響範圍及濃度最大，且在
中央山脈的部分有高值累積；若移至高雄港區、大林蒲及南星計畫
區（圖5-9(2), (3), (4)），因為位置接近，影響範圍及影響量相似，
高雄及屏東皆有大面積高值出現；圖5-9(5)中也可看出，雖設定工
業區遷至外島小琉球，但模擬結果顯示濃度雖有降低，但仍有一定
影響量，嘉義、高雄、屏東的山區仍有較高濃度；最後，圖5-9(6)

中可明顯看出，若將五輕工業區遷至恆春（核三廠）位置影響量最低，受盛行風影響濃度高值多分布在臺灣南方海面上。

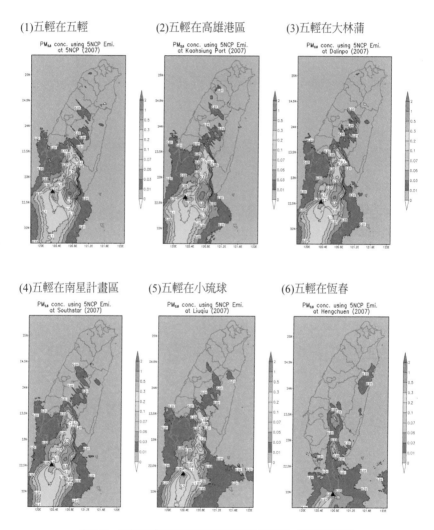

(1)五輕在五輕　　　　(2)五輕在高雄港區　　　　(3)五輕在大林蒲

(4)五輕在南星計畫區　　(5)五輕在小琉球　　　　(6)五輕在恆春

圖5-9　五輕工業區在原址及各預定區之PM$_{2.5}$模擬濃度圖

　　圖5-10為假設六輕工業區設置於各預定地區之模擬結果，圖5-10(1)可看出，六輕在原址對臺灣的影響範圍最廣，幾乎全島都有影響，在苗栗到屏東的山腳附近，濃度高值出現的機率皆高，雲林、嘉義外海濃度也高，在西風較多且較強的情況下，雲林、嘉義及臺南地區之濃度可能會比目前模擬結果更高；當六輕移至高雄港區、大林蒲及南星計畫區後（圖5-10(2), (3), (4)），對高雄及屏東地區的影響較大，尤其是屏東，多處地區濃度有明顯增加的狀況，此外，與五輕的模擬結果相似，這三個預定地的模擬結果相似；而當六輕移至小琉球後（圖5-10(5)），雖整體濃度有下降，但嘉義至屏東地區的山區仍有較高濃度；最後，圖5-10(6)之結果與五輕的模擬結果相似，當六輕移至恆春核三廠的位置後，整體的影響最小，濃度高值多分布在南方的海面上，但值得注意的是，在此假設下，花蓮、臺東及宜蘭地區因中央山脈無法阻隔汙染物的傳輸，受六輕的影響量有明顯增加的情況。

(1)六輕在六輕　　　　　(2)六輕在高雄港區　　　(3)六輕在大林蒲

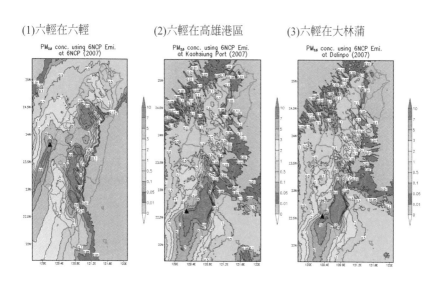

(4)六輕在南星計畫區　　　(5)六輕在小琉球　　　　(6)六輕在恆春

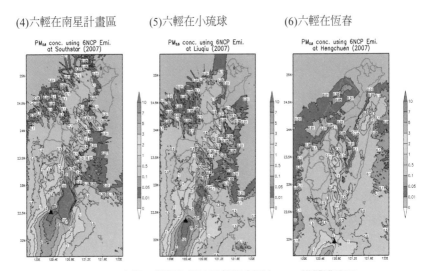

圖5-10　六輕工業區在原址及各預定區之PM$_{2.5}$模擬濃度圖

　　利用PM$_{2.5}$空間分布的模擬結果，可進一步計算各鄉鎮PM$_{2.5}$平均濃度，考慮若濃度高值發生在人數較少的地區（如：高山區或海上），真正受影響的人數較少，因此，配合各鄉鎮之人數資料，可計算出各縣市平均每人的平均暴露量（式2）。之後，再利用此平均暴露量及Pope學者研究之關係式（每增加10 μg/m^{3}的PM$_{2.5}$濃度，會降低0.61年的壽命），就可計算出目標工業區可能造成的壽命損失天數（式3）：

$$C_i = \frac{\sum_j C_{i,j} * P_{i,j}}{\sum_j P_{i,j}} \tag{2}$$

$$壽命損失（\mathrm{day}）= C_i(\mu g/m^3) * \frac{1}{10(\mu g/m^3)} * 0.61(year) * 365(day/year) \tag{3}$$

　　C_i為i縣市的每人平均暴露濃度（$\mu g/m^3$），$C_{i,j}$為i縣市第j鄉鎮之模擬濃度（$\mu g/m^3$），$P_{i,j}$為i縣市第j鄉鎮的人數。表8中所列為五輕工業區設置在不同地點可能造成的暴露濃度及壽命損失天數，可看出，五輕所造成的平均暴露濃度以高雄縣市及屏東縣最高，在現址，暴露濃度約在0.2-0.3 $\mu g/m^3$之間，同樣的，這二縣市壽命損失天數也最高，約在5-7天，隨著遷移到高雄港區、大林蒲及南星計畫區，高雄及屏東平均每人的壽命損失可降低至2-6天，若遷移至恆春核三廠之位置，壽命損失高的屏東縣可降至0.3天，全台平均壽命損失也可從1.2天降至0.1天。

　　表5-9中所列為六輕工業區設置在不同地點可能造成的暴露濃度及壽命損失天數，若六輕工業區在現址處，南投及雲林縣的暴露濃度最高，約有5 $\mu g/m^3$，壽命損失也有100-120天；但若六輕移至高雄港區、大林蒲及南星計畫區，因為濃度累積的關係，高雄及屏東縣市的暴露濃度會到6-12 $\mu g/m^3$之多，壽命損失天數更是高達150-200天，顯示，六輕工業區遷移至高雄地區的話，對高雄及屏東的民眾影響極大；若六輕工業區可遷移至恆春核三廠之位置，高雄及屏東縣市的壽命損失天數可大幅降低至10-12天。而全臺平均壽命損失天數，六輕在現址可能造成的平均壽命損失為43.6天，明顯比在其他地區為高，說明雖然六輕在高雄地區會嚴重影響高雄、屏東地區民眾的健康，但因六輕在現址時時所造成的濃度影響範圍較廣，多數縣市皆會受到影響，因此，全台平均壽命損失仍以在現址時較高，但若可遷移至恆春，全台平均壽命損失天數可大幅降低至3天。

表5-8　五輕工業區在原址及各預定區可能造成的暴露濃度及壽命損失天數

地點 縣市	暴露濃度（μg/m³）						壽命損失（天）					
	五輕	高雄港區	大林蒲	南星計畫	小琉球	恆春	五輕	高雄港區	大林蒲	南星計畫	小琉球	恆春
臺北市	0.00	0.00	0.00	0.00	0.00	0.00	0.00	0.01	0.01	0.01	0.00	0.00
高雄市	0.33	0.21	0.09	0.08	0.05	0.01	7.37	4.76	1.96	1.85	1.03	0.21
基隆市	0.00	0.00	0.00	0.00	0.00	0.00	0.00	0.00	0.00	0.00	0.00	0.00
新竹市	0.00	0.00	0.00	0.00	0.00	0.00	0.08	0.10	0.07	0.10	0.07	0.03
臺中市	0.00	0.00	0.00	0.00	0.00	0.00	0.05	0.05	0.03	0.05	0.03	0.01
臺南市	0.03	0.03	0.02	0.02	0.02	0.01	0.66	0.61	0.53	0.52	0.40	0.13
嘉義市	0.01	0.01	0.01	0.01	0.01	0.01	0.33	0.26	0.21	0.25	0.20	0.11
臺北縣	0.00	0.00	0.00	0.00	0.00	0.00	0.01	0.02	0.01	0.01	0.00	0.00
桃園縣	0.00	0.00	0.00	0.00	0.00	0.00	0.11	0.09	0.10	0.09	0.04	0.00
新竹縣	0.01	0.01	0.00	0.00	0.00	0.00	0.12	0.13	0.10	0.11	0.07	0.02
宜蘭縣	0.00	0.00	0.00	0.00	0.00	0.00	0.00	0.00	0.00	0.00	0.00	0.02
苗栗縣	0.00	0.01	0.00	0.00	0.00	0.00	0.07	0.12	0.08	0.09	0.08	0.03
臺中縣	0.00	0.00	0.00	0.00	0.00	0.00	0.04	0.06	0.05	0.05	0.04	0.02
彰化縣	0.01	0.00	0.00	0.00	0.00	0.00	0.11	0.09	0.07	0.08	0.05	0.03
南投縣	0.01	0.01	0.01	0.01	0.01	0.00	0.21	0.22	0.19	0.18	0.20	0.09
雲林縣	0.01	0.01	0.01	0.01	0.01	0.00	0.21	0.18	0.14	0.15	0.17	0.07
嘉義縣	0.02	0.02	0.02	0.02	0.01	0.01	0.48	0.41	0.38	0.35	0.32	0.14
臺南縣	0.03	0.03	0.02	0.02	0.02	0.01	0.68	0.61	0.51	0.50	0.39	0.11
高雄縣	0.23	0.19	0.10	0.10	0.05	0.01	5.04	4.16	2.20	2.16	1.09	0.20
屏東縣	0.31	0.26	0.20	0.21	0.08	0.01	6.88	5.84	4.44	4.63	1.69	0.28
澎湖縣	0.00	0.00	0.00	0.00	0.00	0.00	0.00	0.00	0.00	0.00	0.00	0.00
花蓮縣	0.00	0.00	0.00	0.00	0.00	0.01	0.03	0.01	0.02	0.02	0.03	0.13
臺東縣	0.03	0.02	0.02	0.02	0.01	0.01	0.59	0.37	0.43	0.40	0.21	0.17
臺灣地區	0.05	0.04	0.02	0.02	0.01	<0.01	1.15	0.88	0.51	0.51	0.27	0.06

表5-9　六輕工業區在原址及各預定區可能造成的暴露濃度及壽命損失天數

地點 縣市	暴露濃度（µg/m³）						壽命損失（天）					
	六輕	高雄港區	大林蒲	南星計畫	小琉球	恆春	六輕	高雄港區	大林蒲	南星計畫	小琉球	恆春
臺北市	0.6	0.0	0.0	0.0	0.0	0.0	13.4	0.2	0.1	0.1	0.1	0.0
高雄市	2.4	6.7	3.6	3.5	2.3	0.5	52.5	148.5	79.5	78.9	51.4	10.6
基隆市	0.3	0.0	0.0	0.0	0.0	0.0	7.7	0.1	0.1	0.0	0.1	0.0
新竹市	0.7	0.3	0.2	0.3	0.2	0.0	16.2	6.0	3.8	5.6	3.5	1.1
臺中市	2.9	0.1	0.1	0.1	0.1	0.0	64.0	2.8	1.8	2.7	1.4	0.5
臺南市	2.9	1.5	1.3	1.3	1.0	0.3	64.0	32.7	29.0	28.3	22.2	6.5
嘉義市	4.5	0.7	0.5	0.6	0.5	0.2	99.9	14.9	12.0	13.8	10.9	5.5
臺北縣	0.8	0.0	0.0	0.0	0.0	0.0	17.9	0.7	0.3	0.3	0.1	0.0
桃園縣	1.1	0.2	0.2	0.2	0.1	0.0	25.6	5.2	5.5	4.9	2.8	0.1
新竹縣	0.9	0.3	0.3	0.3	0.2	0.0	20.5	7.3	5.7	6.0	3.8	0.9
宜蘭縣	0.4	0.0	0.0	0.0	0.0	0.0	8.2	0.0	0.0	0.0	0.1	1.1
苗栗縣	1.6	0.3	0.2	0.2	0.2	0.0	35.9	6.7	4.6	5.3	4.3	1.0
臺中縣	2.7	0.1	0.1	0.1	0.1	0.0	60.1	3.3	2.6	2.8	2.2	0.6
彰化縣	3.8	0.2	0.2	0.2	0.1	0.1	84.9	5.4	3.6	4.5	2.5	1.1
南投縣	5.4	0.6	0.5	0.5	0.5	0.2	120.1	12.6	10.9	10.6	11.0	4.2
雲林縣	4.6	0.4	0.3	0.4	0.4	0.1	102.6	9.8	7.5	8.3	8.6	3.2
嘉義縣	4.4	1.0	0.9	0.9	0.8	0.3	98.7	22.9	20.5	19.1	16.8	6.9
臺南縣	2.8	1.5	1.3	1.2	1.0	0.3	61.6	33.7	28.1	27.2	21.2	5.6
高雄縣	2.4	7.1	4.1	4.1	2.5	0.5	54.4	158.7	92.1	91.4	55.1	10.1
屏東縣	2.2	12.1	9.2	9.5	3.5	0.6	47.9	270.0	204.2	212.3	77.1	12.6
澎湖縣	0.0	0.0	0.0	0.0	0.0	0.0	0.0	0.0	0.0	0.0	0.0	0.0
花蓮縣	0.0	0.0	0.0	0.0	0.1	0.3	0.4	0.4	1.1	1.0	1.5	6.5
臺東縣	0.2	0.8	1.0	0.9	0.5	0.4	4.1	18.7	22.0	20.0	10.1	8.6
臺灣地區	2.0	1.6	1.0	1.1	0.6	0.1	43.6	34.9	23.2	23.5	13.3	3.1

六、結論與建議

由以上的研究分析結果可知，臺灣地區近年來的$PM_{2.5}$濃度，北部地區在1990年代以後有明顯的改善，中部地區濃度有增加現象，但南部地區自1990年代以後卻有明顯惡化的現象，此應與1970年代起加強工業發展，並在高雄地區發展重工業，以及與1980年代起要求工廠遷出臺北有關。而由各地區汙染源影響比例分布的結果也可知，在北中南各測站受移動源，面源及境外之影響無明顯地區的差異。而中雲嘉南及高雄的空氣品質，會明顯較北部惡化的原因，主要受固定汙染源的影響，有由北往南呈現遞增的趨勢。顯示要改善中部及南部地區的$PM_{2.5}$濃度，加強固定源的管制是非常重要的方向。此外，因境外傳輸占我國各地區$PM_{2.5}$濃度比率達30%以上，有效解決境外傳輸問題，也是改善國內空氣品質必須處理的重要議題（黃，2012；行政院環境保護署，2014）。其中需值得注意的是，在空汙費徵收（1995年）後，因高雄為全臺空氣汙染最嚴重的區域，多次列為國家之空氣汙染總量管制之示範計劃，許多大型汙染源（如南部發電廠、興達）已改燒天然氣，目前（2007年）高雄之總排放量及單位面積排放量已低於臺北，但$PM_{2.5}$之汙染卻是五都中最嚴重者，而壽命亦最短（如圖5-1及5-2），很顯然無法完全由當地（高雄）之汙染排放所解釋。本研究初步分析2007年資料的結果，南部$PM_{2.5}$之汙染除了受中鋼（占1.8 $\mu g/m^3$），小港區其他（1.0 $\mu g/m^3$），永安（0.9 $\mu g/m^3$）及林園區（0.9 $\mu g/m^3$）等高雄在地之汙染源影響外，主要額外受北桃中雲嘉之石化、電力業等中大型汙染源的影

響。如六輕占3 μg/m^3、台化彰化廠占1.4 μg/m^3、台化新港廠占1.2 μg/m^3、臺中電廠0.6 μg/m^3、華亞汽電占0.5 μg/m^3、豪傑實業占0.5 μg/m^3（如表6）。值得注意的是目前之國家年平均標準為15 μg/m^3，上述10家工廠（工業區），就造成了12 μg/m^{3}的影響。而根據國際及這研究本土之資料顯示，PM$_{2.5}$濃度每增加10 μg/m^3，將減少壽命達0.6-0.7歲。表示上述汙染源對國人之健康影響是不可忽略的。

而在2014年7月高雄氣爆造成嚴重死傷的事件之後，再次喚起大眾對石化產業安全性的重視，也已不再允許既不易維護也不易管理的石化管線穿梭在人口稠密的都會區道路上，此外，中油第五輕油裂解廠預期不會延役，將於2015年9月面臨關閉的大限，加上高雄大社石化區也預計於2018年進行轉型、遷廠，石化產業正面臨重大的轉捩點。因此，本篇就空氣汙染及健康風險的角度，針對經濟部所預計之高雄港區、遷村後的大林蒲、南星計畫區等地，以五輕及六輕工業區為例，評估除現址外，此二工業區遷移至這些基地可能造成的空汙及健康的影響，同時，也加入考慮遷移至外島小琉球或臺灣最南端恆春核三廠之地區可能造成的影響。模擬結果顯示，五輕及六輕工業區於現址造成平均暴露的PM$_{2.5}$濃度最高，平均壽命損失天數也最多；若設於高雄港區、大林蒲及南星計畫區等地，雖平均壽命可降低，但高雄及屏東縣市民眾所損失的壽命天數的卻可能會明顯增加，甚至可能會發生超過200天的壽命損失，因此對全民之影響並無顯著的改善。如可設於外島小琉球，則可降低全台PM$_{2.5}$濃度的影響量；如進而可設於臺灣最南端恆春時，因盛行風向的影響，平均暴露之PM$_{2.5}$濃度最低、壽命損失天數最少，是目前方案中最合適的地區。但小琉球及恆春皆有豐富的自然生態及海洋資

源，設置石化專區也很可能會扼殺了當地的環境及生態，惟有進行更多元、更完整的評估後，才能真正選出最合適的方案。

此外，目前之模擬分析結果僅為初步結果，仍有不確定性存在，且僅考慮$PM_{2.5}$之健康風險，尚未考慮石化產業排放之致癌物質如苯等。雖然如此，本篇仍盡量以科學角度，分析臺灣$PM_{2.5}$濃度歷史變化、各地區$PM_{2.5}$主要來源，以及推估可能的石化專區對$PM_{2.5}$暴露濃度、壽命損失天數的影響，期望可提供相關單位或感興趣的民眾一個參考。

誌謝

本報告之工作人員受歷年國科會計劃之補助，並感謝國家實驗研究院高速網路與計算中心提供之計算資源。

參考文獻

Abbey, D. E., Ostro, B. E., Fraser, G., Vancuren, T., & Burchette, R. J. (1994). Estimating fine particulates less than 2.5 microns in aerodynamic diameter (PM$_{2.5}$) from airport visibility data in California. *Journal of exposure analysis and environmental epidemiology, 5*(2), 161-180.

Crouse, D.L., Peters, P.A., Donkelaar, A.V., Goldberg, M.S., Villeneuve, P.J., Brion, O., Khan, S., Atari, D.O., Jerrett, M., Pope, C.A.III, Brauer, M., Brook, J.R., Martin, R.V., Stieb, D., & Burenett, R.T. (2012). Risk of nonaccidental and cardiovascular mortality in relation to long-term exposure to low concentrations of fine particulate matter: a Canadian national-level cohort study. *Environmetal Health Perspectives*, 120(5), 708-714.

Elliott C. T., & Copes R. (2011). Burden of mortality due to ambient fine particulate air pollution (PM$_{2.5}$) in interior and Northern BC.. *Canadian Journal of Public Health*, 102(5), 390-393.

Hoek, G., Krishnan, R. M., Beelen, R., Peters, A., Ostro, B., Brunekreef, B., & Kaufman, J. D. (2013). Long-term air pollution exposure and cardio-respiratory mortality: a review. *Environ Health, 12*(1), 43.

Kloog, I., Ridgway, B., Koutrakis, P., Coull, B.A., & Schwartz, J.D. (2013). Long- and Short-Term Exposure to PM$_{2.5}$ and Mortality: Using Novel Exposure Models. *Epidemiology*, 24(4), 555-61.

Kuo, P.-H., Ni, P.-C., Keats, A., Tsuang, B.-J., Lan, Y.-Y., Lin, M.-D., Chen, C.-L., Tu, Y.-Y., Chang, L.-F. & Chang, K.-H. (2009). Retrospective assessment of air quality management practices in Taiwan. *Atmospheric Environment*, 43 (25), 3925-3934.

Kuo, P.-H., Tsuang, B.-J, Chen, C.-J., Hu, S.-W., Chiang, C.-J., Tsai, J.-L., Tang, M.-L., Chen, G.-J., & Ku, K.-C. (2014). Risk assessment of mortality for all-cause, ischemic heart disease, cardiopulmonary disease, and lung cancer due to the operation of the world's largest coal-fired power plant. *Atmospheric Environment*, 96, 117-124.

Pope, C.A.III, Burnett, R.T., Thun, M.J., Calle, E.E., Krewski, D., Ito, K., & Thurston, G.D. (2002). Lung Cancer, Cardiopulmonary Mortality, and Long-term Exposure to Fine Particulate Air Pollution. *The Journal of the American Medical Association*, 287 (9), 1132-1141.

Pope, C.A.III, Majid, E., & Douglas D.W. (2009). Fine-Particulate Air Pollution and Life Expectancy in the United States. *The New England Journal of Medicine*, 360, 376-86.

Tsuang B. J., Lee, C.-T., Cheng, M.-T., Lin, N.-H., Lin, Y.-C., Chen, C.-L., Peng, C.-M. & Kuo, P.-H. (2003a). Quantification on the source/receptor relationship of primary pollutants and secondary aerosols by a Gaussian plume trajectory model: Part III- Asian dust-storm periods. *Atmospheric Environment,* 37(28), 4007-4017.

Tsuang, B.-J. (2003). Quantification on the source/receptor relationship of primary pollutants and secondary aerosols by a Gaussian plume trajectory model: Part I-theory. *Atmospheric Environment*, 37 (28), 3981-3991.

Tsuang, B.-J., Chen, C.-L., Lin, C.-H., Cheng, M.-T., Tsai, Y.-I., Chu, C.-P., Pan, R.-C. & Kuo, P.-H. (2003b). Quantification on the source/receptor relationship of primary pollutants and secondary aerosols by a Gaussian plume trajectory model: Part II. Case study. *Atmospheric Environment*, 37(28), 3993-4006.

Turner, M. C., Krewski, D., Pope III, C. A., Chen, Y., Gapstur, S. M., & Thun, M. J. (2011). Long-term ambient fine particulate matter air pollution and lung cancer in a large cohort of never-smokers. *American journal of respiratory and critical care medicine*, 184(12), 1374-1381.

Vinikoor-Imler, L.C., Davis, J.A., & Luben, T.J. (2011). An ecologic analysis of county-level $PM_{2.5}$ concentrations and lung cancer incidence and mortality. I*nternational Journal Environmental Research and Public Health*, 8(6), 1865-1871.

中央社，2014年7月5日，「南亞逃漏空汙費 加倍追繳2億」，中央社即時新聞，http://www.cna.com.tw/news/firstnews/201407050138-1.aspx。

內政部統計查詢網，「101年簡易生命提要分析表」，（http://sowf.moi.gov.tw/stat/Life/T04-analysis.html）

古鎧禎，2013，「根據空品模式進行汙染源排放量校正及確認的可行性探討」，碩士論文，國立中興大學環境工程學系。

臺灣曼寧工程顧問股份有限公司，2012，「100年固定汙染源許可制度及空氣汙染防制費催繳稽查管制計畫」，桃園縣政府環境保護局。

臺灣電力公司，「各火力發電廠簡介」，http://www.taipower.com.tw/content/new_info/new_info-b13.aspx?LinkID=6。

行政院環保署，1992，「北、中、南、高地區空氣汙染物排放總量調查及減量規劃」。

行政院環保署，2001，「空氣排放量清冊更新管理及環境耗損推估計畫」。

行政院環保署，2009，「空氣汙染物排放清冊資料更新管理及排放量空間分佈查詢建置」。

行政院環境保護署，2014，「細懸浮微粒（$PM_{2.5}$）管制計畫(草案)」。

行政院環境保護署—空氣品質改善維護資訊網（http://air.epa.gov.tw/Public/suspended_particles.aspx）

張艮輝，2013，「行政院環境保護署專案計畫—空氣品質模式技術支援與空氣品質維護評估計畫（第二年）」，期末報告，行政院環境保護署。

莊秉潔，2011，100年度「環保署／國科會空汙防制科研合作計畫—氣候變遷對於空氣品

質影響評估II」，期末報告，國家科學委員會。

黃偉銘，2012，「空氣中細懸浮微粒的管制策略」，環保資訊，第176期，財團法人豐泰文教基金會。（http://www.fengtay.org.tw/paper.asp?page=2012&num=1312&num2=210）

蘋果日報，2013年1月25日，「數據不實 南亞涉短繳2.5億空汙費」，http://www.apple-daily.com.tw/appledaily/article/headline/20130125/34793093/。

第六章

石化業之環境汙染與居民健康風險

沈建全

　　2014年7月31日高雄前鎮發生臺灣有史以來最大的石化氣爆工安事件，我們都知道石化氣體大部分具有強烈的爆炸性與毒性；事實上，石化業因環保工作長期疏漏或故意之行為，將各種有毒汙染物質排放到環境中，汙染空氣、土壤及地下水，使得居民承受莫大的致癌及非致癌健康風險才是最可怕的。前鎮之激烈爆炸、起火燃燒，我們可以很容易看到或透過電視鏡頭感受到其莫大的威力，但逐日之汙染使我們的身體健康受到傷害，其範圍既廣且大，且日復一日，以數十倍，甚至上百倍之威力傷人、殺人於無形之中，才是最可怕又最可惡的禍害。

　　石化工業所用之原料、產品、半成品、及所排放的廢氣、廢水及廢棄物皆充滿了毒性及致癌風險，例如，由高雄市政府環保局2011年所提供大社石化工業區，各工廠所使用之原料及產品其毒性略說如下：其中致癌性乃由國際癌症研究機構（IARC）所認定，苯（一級致癌物，會爆炸）、甲苯（致死慢毒性，會爆炸）、乙苯（慢毒性，會爆炸）、二甲苯（慢毒性、會爆炸）、甲醛（一級致癌物質）、環氧乙烷（致死急毒性，一級致癌物質）、丙烯腈（致死急毒性物質）、氰化鈉（致死急毒性物質）、乙腈（致死急毒性物質）、環己酮（慢毒性，致死物質）、甲醇（有劇毒，會爆炸）、酚（有毒物質）、乙烯（致死，慢毒性，會爆炸），丙烯（吸入後會缺乏意識，窒息而死，會爆炸）、丙酮（致死，慢毒性）、氨（慢毒性）、丁二烯（主要可疑致癌物）、苯乙烯（第2級致癌物質，急毒性）、環己烷（第1級吸入性危害物質，慢毒性）、氰酸（劇毒，急毒性）、氰甲烷（劇毒，急毒性）、乙二醇（急毒性物質），丙烯醇（急毒性物質），醋酸乙烯（第5級急毒性物質）、二甲基甲醯胺（易燃液體第3級，急毒性物質第5級）；

由以上資料顯示石化工業不管所使用之原料、或所生成的產品、或半成品，甚至產生之廢氣，大部分皆具有強烈之毒性，及致癌性。此等工業區照理應遠離人群密集之市區，建立於偏遠地區或遠離岸邊之人工島上，更由於此等原料之劇毒性，在生產操作及運送過程上應十分小心謹慎，不使任何一丁點洩漏出來，更遑論有許多廠商故意將此等物質或其廢氣排放到環境之中，造成鄰近居民身體健康受到嚴重侵害，其罪惡比將餿水油摻入食用油之廠商更有過之而無不及。

有關石化工業之汙染案例不勝枚舉，在臺灣石化工業之發源地，中油高雄後勁煉油廠，其原先為日本海軍第六燃料工廠，建於日據時代之1943年，當時規模甚小，日本戰敗後，由國民政府接收，開始大規模煉油，其對鄰近後勁社區之汙染開始變本加厲，地下水油汙染導致兩次氣爆傷人事件，甚至連地下水舀上來點火亦會燃燒，如圖一所示，歷經多年石化汙染迫害，後勁五里居民忍無可忍，終於於1987年爆發激烈的反五輕運動且持續長達三年餘，創造了臺灣反公害抗爭最長且成效最卓著之環保公民反抗運動光榮歷史。

公元1999年，由國立高雄海洋技術學院林啓燦、沈建全等教授所進行之「後勁地區空氣品質暨地下水質監測計畫」，該計畫乃由後勁社會福利基金會所資助，但學者教授並非環保稽查人員，無法進入中油廠區稽查採樣，只能針對中油廠外後勁社區各地下水井及空汙測站進行監測，而於2000年出版之報告，其中顯示後勁地區之所有地下水井皆受到MTBE（甲基-3級丁基醚，無鉛汽油添加劑，致癌性）所汙染，此時距離國內開始使用無鉛汽油不過6年，其汙染物質竟然已在所有井水中發現，另外在中油東門外之舊萬興廠址採得之地下水，色黑汙濁（如圖6-2所示），酚類化合物為

70634ppb遠超過汙水注入地下水水質標準，其水中亦含有苯類化合物達55ppb。

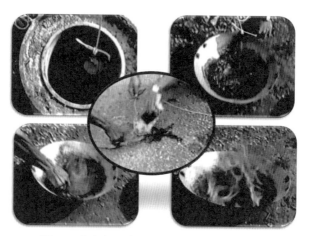

圖6-1　中油東門外，撿田里，井水點火可燃燒

資料來源：後勁反五輕大代誌

圖6-2　由萬興場址所抽出之黑色地下水，發出陣陣惡臭

　　空氣中則充滿了各種含有苯、甲苯、苯乙烯、丙烯腈、烷烴類物質、有機溶劑等等的味道。

　　後勁地區選出之高雄市黃石龍議員，利用本報告質詢高雄市環保局長，後由環保局編列預算進入中油廠區進行稽查，稽查結果在中油靠近後勁社區之NW-22號井，所測得之地下水苯含量超過環保署標準260倍，部分井水亦超過環保標準120倍，其他各項石化汙染物亦多有超過環保署標準者，民國98年7月高雄市環保局所採樣的C121S測站，其苯汙染竟飆高到364倍，從此中油之嚴重汙染真相方逐漸大白於世，也震驚國內外，更為從民國76年開始，至民國79年結束之後勁反五輕運動，取得了科學上明確的證據與理由。

　　該計畫於2002年、2004年分別出版第二期及第三期之研究報告，其空氣汙染及地下水汙染雖略有逐漸減輕趨勢，但第三期之研究報告另外加入了流行病學調查研究報告，其中顯示女性之喉癌達到臺灣平均罹患率之15.4倍、女孩淋巴造血癌達4.5倍、非何杰金淋巴瘤達10.3倍、男孩鼻咽癌達8.9倍，其他各項癌症亦有顯著高於臺灣的平均值。

　　中油高雄廠2002年4月3日發生P37油槽嚴重漏油事件，27,000公秉之低硫燃料油外洩至土壤中，事後測得總石油碳氫化合物（TPH）汙染值超出管制標準達四十四倍之多，中油當時將油槽附近土壤刮除50公分厚，再鋪以乾淨之土壤，即號稱整治完畢，後來因黃石龍議員鍥而不捨追究，才使得整治工作重新進行，並花了數億元才整治好1.6公頃的土地，其汙染狀況如圖6-3所示。

圖6-3　中油高雄廠P37油槽，全漏光至地下，檢驗情況

　　中油高雄煉油廠，多年來，亦將未處理的工業製程廢水，先抽入兩個各5萬噸之儲槽中，等待下大雨時，再繞流排入後勁溪中，並於2012年被環保署當場緝獲，經印證資料發現在三年中，共排放55次的廢水，甚至沒有下雨亦排放廢水，其實中油不只受罰那三年有排放廢水，在2007年即被筆者拍攝到中油利用颱風天偷排廢水，如圖四所示，堂堂一個國營企業，其環保經費並無上限，該編多少就編多少，卻帶頭做不法的示範，將有毒致癌廢水排放到環境之中，實在可惡至極，因為此事，依照環保法令，其董事長林聖忠最近被命令要到高雄市環保局接受環保教育訓練，雖經提起訴願，但全部駁回，看來中油各高級幹部及中級經理與現場操作人員，皆因好好重新接受環保教育訓練，才不會繼續汙染我們的環境。

圖6-4　中油2007年8月11日偷排含油量甚高之製程廢水

　　中油高雄廠，工廠區土地歷經中油數十年來的汙染，其廠區內土地皆已遭受嚴重汙染，近年來，經行政院環保署及高雄市環保局針對高廠廠區土地進行監測，發現大部分的土地皆已遭受不同程度之汙染便將其全部公告為汙染控制場址，其中很大一部分汙染超標超過20倍以上，便被公告為汙染整治場址，可說整個工廠區皆需要進行汙染整治，目前民間環保團體正在推動將187公頃之受汙染廠區於2015年中油關廠後，改建為生態公園（包含生態濕地公園、中油工業遺址公園、文創產業基地、土壤及地下水油汙染整治教育園區等），中油目前受公告場址如圖6-5所示。

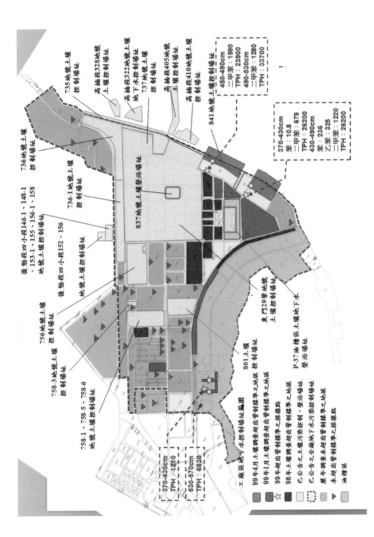

圖6-5 中油高雄廠全部工廠區受公告為整治場址及控制場址

資料來源：環保署、高雄市環保局、網路資料

　　中油東側之大社石化工業區，興建於民國60年，面積109公頃區內共有12家石化業者，區外則另外有三芳化工、台精化工、臺灣聚合等大廠，當初建設之目的即在利用由中油一輕、二輕及後來興建之五輕，所產生之基礎石化原料乙烯、丙烯等，再進行二次加工，製造石化產品及塑膠粒料，由於當初使用之機器設備之環保標準距離現在已有數十年之久，且歷經數十年之日夜操作，設備皆已老舊，加以廠商以多賺錢為目的，忽視環保工作，部分廠商甚至有惡意排放之嫌，造成大社鄉及鄰近之楠梓地區十分嚴重之汙染，甚至有多人因受到急毒性的汙染，而喪命之紀錄，民國82年4月分，由於不明臭氣事件，引發民眾包圍工業區，阻斷人員上下班，震驚經濟部，因此於82年5月3日由時任經濟部長江丙坤、立法院王金平副院長、高雄縣長余陳月瑛、立法委員余政憲、大社鄉許鄉長等人及民眾代表於高雄市國賓飯店招開協調會議，會中決定『大社石化工業區內各廠應配合中油高雄煉油總廠五輕廠遷廠計畫一併遷移』，並將本結論發文於82年5月5日至高雄縣政府及大社鄉公所。雖然有此公文之保證，但大社石化工業區各工廠並未大力改善環保設施與作為，他們及工業區鄰近各工廠之汙染，仍繼續排放汙染楠梓及大社鄉鄰近居民，絲毫未減。其中汙染大廠以中纖、磐亞、台橡、國喬、中石化、三芳、台精等七家為甚，引用自前述民國89年針對後勁地區空汙、水汙之研究報告顯示，在楠梓五常里社區所測得之揮發性有機物竟然達到604ppb（超過美國標準200倍）。另外，由高雄市環保局於2011年8月分安裝於楠陽國小屋頂之紅外線光譜空汙測定儀（FTIR），日夜不停每五分鐘自動監測一筆資料，所測得之二甲基甲醯胺濃度最高竟高達1623ppb，平均濃度曾經高到361ppb（依據環保法令，工廠周界之濃度不得超過200ppb，該測站距離工廠周界已有800公尺），可見其汙染之嚴重。另外，1-3丁

二烯及醋酸乙烯酯之濃度亦常常超標。另外，大社石化工業區內之國喬實業，其廠區內地下水苯濃度超標達1026倍，土壤苯濃度亦超標達264倍。如此在在顯示，石化工業區有部分工廠經常性的將內部環保成本外部化，將廢氣排放至環境中，不加以處理，以節省成本，賺取暴利。

位於大社工業區南邊約2公里之仁武工業區亦有樣學樣，同樣對週遭環境帶來莫大衝擊。工業區外的台塑仁武廠曾經被環保署測得廠區內地下水驗出會致癌的1,2二氯乙烷，竟然超出管制標準高達三十萬倍，氯乙烯亦超標975倍，苯超出70倍，其工廠亦曾多次被國立高雄海洋科技大學測得排放氯仿等汙染物質於後勁溪中，有如此廠商，臺灣的環境怎麼會好？臺灣的居民健康，怎麼獲得保障？世界最好之臺灣優良的健保系統，怎麼能不破產？

大發工業區在2008年12月發生4次嚴重之空氣汙染事件。汙染源被懷疑是工業區內的汙水處理廠。曾經導致當地的潮寮國中、與潮寮國小的多名師生集體送醫，造成環保署長沈世宏親自南下處理，教育部亦派員南下協調，而主其事者，有權稽查及強力取締汙染之高雄縣長楊秋興竟然不去追究汙染源頭廠商之責任，反而要求該兩所學校裝置氣密窗並要求學生戴口罩上課，地方首長如此，我們的環境怎麼會好？

位在高雄市最南端之林園石化工業區，亦不遑多讓，當地居民亦長期遭受石化工業所帶來的汙染，傷害健康，破壞農漁作物，而民不聊生，依據由輔英科技大學賴進興教授等，於民國101年所做之研究報告，林園地區石化汙染的種類，主要有苯、丁二烯、乙苯、丙烯腈、氯乙烯、環氧乙烷、甲醛等、氯仿等，根據賴教授之推估，其在較極端之狀況下，林園全區之第95百分位數、第50百分位數之致癌風險，分別為1.83E-04、3.06E-05。換句話說，其致癌

風險已高達一萬分之1.83，已經達到了無法接受的地步，針對此情況依照環保法令應該整個工業區減量生產或降載，如此窮凶極惡的摧殘破壞環境，傷害人民健康，我們的經濟部及工業局卻常常美其名日，促進經濟繁榮，增加GDP產值，事實上工業局只負責蓋工業區，並不注重事後各工廠所產生之汙染對環境及人體健康之傷害，說白一點，只是為了財團牟取暴利，將窮人及一般老百姓的健康及財富搜刮到少數住在遠離工業區（可能是臺北）住在豪宅中，富人的手上，如此經濟政策，簡直是一種罪惡。

　　石化汙染對鄰近居民健康之影響研究論文已有許多，絕大部分皆顯示其對健康有極端不良之影響，依據2005年2月10日由潘碧珍、洪玉珠、王銘燦三位學者、醫生，所作之「遭臺灣石化廠汙染之住宅區內兒童和青少年的超高癌症死亡率」研究論文，其投稿於毒理學與環境衛生期刊，文中重點顯示：在高雄附近石化工業區半徑三公里內，男孩子膀胱癌為臺灣平均值之11.9倍，齒齦癌為5倍，其他內分泌癌為4.85倍，女孩乳癌為臺灣平均值之9.94倍，其他內分泌癌為7.47倍，小腸癌為3.95倍，過多的癌症死亡人數，似乎集中在10到19歲的年齡組，他們都是從小就暴露在石化汙染物中，接觸時間較久，也因為是發育中的兒童，所以較易受到石化汙染的傷害。

　　另一篇，由美國哈佛大學公共衛生研究所與高雄醫學大學等學者所作的研究論文，投稿在2005年6月1日，美國流行病學期刊之原創性投稿，其研究對象為高雄地區（中油、仁武、大社、林園）等四大石化工業區，其結論顯示高雄四大石化工業區周界三公里居民罹患血癌與暴露量呈正相關，其中20到29歲年輕人罹患血癌比例為臺灣其他地區之3.18倍。

　　另外，依據最新由高雄市政府衛生局委託美合科技大學所進

行的研究報告，「100年度北高雄石化工業區居民之健康風險評估計畫成果報告」（在101年、102年等2年共出版兩冊），其研究結果顯示，北高雄三大石化工業區（中油、仁武、大社）對高雄市左營區、楠梓區、大社區及仁武區等區之居民健康造成甚大之影響，其中以呼吸道疾病最為顯著，該研究報告另外找尋當地對照組（旗山、美濃兩區，距離石化工業較遠影響較小），及遠地對照組（花蓮縣，無任何石化工業），作為對照組比對，由圖6-6、圖6-7中可

急性喉炎
&
急性氣管炎

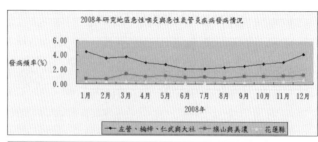
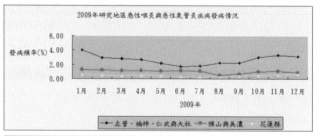
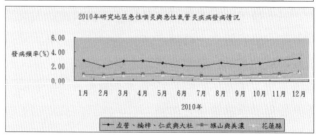

圖6-6　石化工業區與旗山美濃及花蓮縣之急性喉炎發病率比較

資料來源：100年度北高雄石化工業區居民之健康風險評估計畫成果報告

肺炎
&
支氣管性肺炎

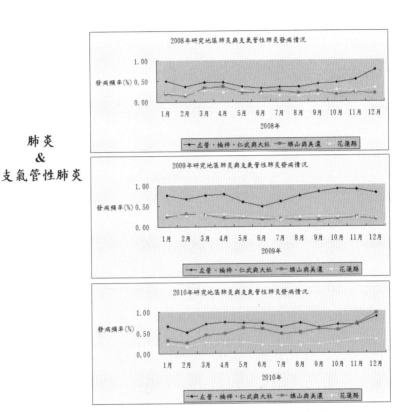

圖6-7　石化工業區與旗山美濃及花蓮縣之肺炎發病率比較

資料來源：100年度北高雄石化工業區居民之健康風險評估計畫成果報告

看出三組居民之急性喉炎及急性氣管炎皆呈現有趣之現象，即發病率以石化工業區＞旗山美濃區＞花蓮縣，其中石化工業區之發病率約為旗山美濃之2～3倍，更是花蓮縣之5倍以上。另外，肺炎及支氣管性肺炎及其他各種呼吸道疾病皆有相同之狀況，顯現石化工業對居民健康之影響有多大。

　　該研究亦顯示石化工業區吸入性致癌風險曲線圖及非吸入性致癌風險曲線圖畫出如圖6-8及圖6-9所示，由該二圖中，可看出距離

吸入致癌風險(50百分位)等風險曲線(1×10^{-6})

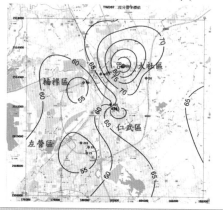

- 以$1\sim100\times10^{-6}$為可接受風險
- 主要貢獻物種有甲醛、苯、1,3-丁二烯、乙醛

圖6-8　北高雄石化工業區吸入性致癌風險曲線圖

資料來源：102年度北高雄石化工業區居民之健康風險評估計畫成果報告

吸入致癌風險(50百分位)等風險曲線(1×10^{-6})

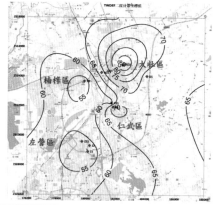

- 以$1\sim100\times10^{-6}$為可接受風險
- 主要貢獻物種有甲醛、苯、1,3-丁二烯、乙醛

圖6-9　北高雄石化工業區非吸入性致癌風險曲線圖

資料來源：102年度北高雄石化工業區居民之健康風險評估計畫成果報告

石化工業汙染越近的區域其致癌健康風險及非致癌健康風險越高，由此亦可作爲將來購屋應考慮之重要事項，即爲了健康我們選擇居住地須遠離石化工業區，事實上，該研究報告指出，當地致癌風險約高於旗山、美濃1.88倍，高於花蓮約4.52倍。可見石化汙染對居民之健康風險事實上已造成極爲嚴重的傷害。

　　有關麥寮台塑六輕，對居民健康風險之影響，前有中興大學莊秉潔教授所作出研究報告，其影響範圍遠及雲嘉南中彰投等縣市，另外，依據最新風傳媒報導，由臺大詹長權教授於國衛院研究報告發現，距離六輕最近的許厝分校學童，體內驗出一級致癌物偏高。最新研究發現，距離六輕最近的橋頭國小許厝分校，學童受到一級致癌物的氯乙烯單體VCM影響很深，學童在此求學，短時間內，已經大量暴露，且許厝分校學童測得的平均值顯著高於其他學校。臺大詹長權教授表示，從醫學倫理、公共衛生涉及公共利益的角度上，研究者必須要在研究階段看到高暴露的時候，就立即採取有效的方法來降低孩童免於高暴露，希望社會正視這個問題，儘早處理。因此，該許厝分校所有學童目前已經遷回橋頭國小，併校上課，以減少石化汙染物，對孩童健康之摧殘。

　　臺灣面對已經長達七十年之石化汙染，我們必須思考不產石油之臺灣還要放任廠商汙染環境及損害居民健康多久？多嚴重？才要停止？尤其是近年來由頁岩氣直接提煉乙烯之技術已十分成熟，且其價格約只有輕油裂解生產乙烯、丙烯之四分之一到三分之一，因此臺灣之石化工業在全世界潮流中已完全缺乏競爭能力，可能須面對逐漸被淘汰之命運，政府必須仔細考量石化工業之產業轉型，不再發展石化工業，逐漸將牠淘汰，全面改由進口塑膠粒料來發展臺灣的高價值塑膠工業，除了可降低汙染，亦可促進居民健康。

第七章

六輕VOCs爭議與石化業管制俘虜課題

杜文苓

一、前言

(一)石化專區風險管制行不行？

2014年8月初，臺灣發生了近年來傷亡最為慘重的石化氣爆事件。原本熱鬧的高雄街區，一時之間宛如戰場，居民夜宿緊急收容所避難。而除了氣爆沿線的受災戶被嚴重波及外，高雄市的消防隊員與環保署的毒災應變隊員更是傷亡慘重。事件發生後，國人才赫然發現，原來高雄市的精華街區竟座落在石化原料的輸送管線上，在地下管線資訊不明下，消防與毒災應變人員第一時間找不到漏氣源頭，成為救災的第一線犧牲者。地下錯綜複雜的管線黑盒子還未解開，行政院、經濟部卻已紛紛釋出在高雄海邊設立「石化專區」的訊息，將專區視為石化產業在高雄發展的替代方案。經濟部甚至擔心專區環評與填海造路的時間長達六、七年，如不快規劃，國內石化產業恐將凋零。

究竟石化專區是不是高雄發展最佳的替代方案？專區設置是不是可以解決環境汙染與氣爆等工安意外問題？石化業的發展可使附近居民安居樂業？要尋求答案，我們應先看看臺灣另一個石化專區——位於麥寮的六輕工業區，來檢視政府對石化產業的環境治理。

1990年代初期，台塑六輕獲准在雲林麥寮設廠，開啟了濁水溪南岸最大的填海造陸計畫。六輕總廠區面積占地2,603公頃，[1]包含煉油廠、輕油裂解廠、汽電共生廠、鍋爐廠、矽晶圓廠等54座工廠，興建工程之填沙造地約有10,915萬立方米，並建有港域面積476公頃之深水港。自廠區落成營運以來，這個南北長八公里，寬

約四公里的六輕計畫專區，成爲世界級數一數二之石化專區。

　　六輕在二十多年間不斷擴廠，其一到四期擴建方案中，一些汙染排放量已屆核可上限，五期擴建通過可能性不高，台塑集團遂以「增產不增量」方式尋求「省時的環境影響評估差異分析」（簡稱「環差分析」），以每次送審不超過原本空汙、用水上限的10%申請擴廠變更，[2]至今（2014年）已提出4.7、4.8、4.9、4.10、4.11期等擴建之環差分析。

　　今日的六輕已成爲臺灣風險爭議中的要角，地方長期抱怨六輕附近空氣品質惡化，學童戴口罩上課新聞屢見不鮮。2014年8月，更爆發出六輕附近學童尿檢結果顯示一級致癌物氯乙烯單體（VCM）暴露值驚人的高。[3]限於文章篇幅，本文無法一一詳列六輕所引發的環境與健康風險爭議，而把討論聚焦於長期以來收關六輕擴廠環評能否通過的VOCs（揮發性有機化合物）排放量與管制問題。透過VOCs的估算爭議，呈現管制數據生產與運用的政治性，以及我國對石化產業的環境管制困境。

(二)六輕VOCs之事件發展與爭點

　　六輕建廠之初，環評結論即規定其空汙排放必須符合總量管制原則，各個空氣汙染物項目，也需依空氣汙染防制法的排放標準規定辦理。不過，彼時相關空氣汙染總量管制辦法還付諸缺如，直到2000年，經濟部工業局才制訂「雲林離島式基礎工業區空氣汙染總量管制規劃」，交由環保署審查後公告。

　　本文鎖定的VOCs排放爭議問題，在上述經濟部制訂的總量管制下，六輕一年可排放上限爲5400噸。不過，環保署基於六輕一期的環評承諾規範，將VOCs總排放量訂爲一年4302噸。爾後，這個

4302的數字就如緊箍咒般緊隨著六輕二、三、四期的擴廠審查。

　　然而，今日的六輕已是世界數一數二的石化廠區，其設備與營運規模早已不可同日而語，但VOCs的總量卻於每一次政府監測或相關審查報告中，顯示始終低於或略高於最早環評規範的4302噸。六輕的VOCs限額，事涉擴廠環評能否過關，民間團體在每次擴廠環評中，皆質疑六輕的數據低估。從下圖7-1來看，六輕相關設備元件與各式儲槽等汙染物排放口個數統計在七年間可說是倍數成長，迄今已增加至兩百多萬個，但表7-1卻顯示VOCs始終維持在一定的排放量，民間的質疑不可謂沒有道理！[4]

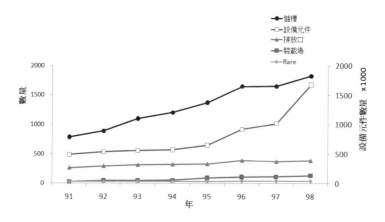

圖7-1　相關汙染物排放口的個數統計數量圖（單位為千）

表7-1 民國90年至98年的各項空氣污染物排放量

年度	TSP （順／年）	SOx （順／年）	NOxTSP （順／年）	VOCsTSP （順／年）
核定量	3,340	16,000	19,622	4,302
90	744（22%）	2,868（18%）	10,557（54%）	2,294（53%）
91	642（19%）	2,880（18%）	9,258（47%）	2,340（54%）
92	967（29%）	3,592（22%）	11,560（59%）	2,522（59%）
93	1,209（36%）	3,331（21%）	12,535（64%）	2,230（52%）
94	1,516（45%）	4,891（31%）	13,335（68%）	2,506（58%）
95	1,515（45%）	5,041（32%）	13,344（68%）	2,686（62%）
96	1,519（45%）	5,951（37%）	15,260（78%）	2,965（69%）
97	1,427（43%）	6,089（38%）	14,565（74%）	2,810（65%）
98	1,415（42%）	6,217（39%）	14,887（76%）	2,595（60¥）

資料來源：離島工業區空氣污染總量查核及許可管制計畫（90～98年度），雲林縣環保局

二、六輕VOCs排放的數據政治

(一)VOCs的係數引用與推估爭議

　　VOCs具有易揮發的特性，因此，不論在預測式的環境評估，或實體的管制應用上，要精準計算皆有難度。考量管制的可行性與行政成本，逐一量測每個可能逸散VOCs的設備原件並不可行。因此一般藉由統計抽樣方法，抽選5%以上的設備原件來推估排放量。而我國目前對VOCs量的計算推估，皆奠基在A（運作時間／活動強度）×B（係數／排放強度）＝C（排放量）的公式上。意即，每一個設備元件在不同類別下有不同的係數規格，將每個類別

的設備元件操作時數乘上排放強度，再予以加總，即可得出VOCs總排放量。

不過，看似簡單的數學公式，運用在現實中卻存在許多問題。以六輕爲例，其廠區運轉規模早遠超過初建規劃的評估，整個廠區已有多達兩百萬個設備元件，要抽取5%以上的設備原件本身即是一件大工程。且多年運作下來，諸多設備元件早已有老化腐蝕的問題，導致設備元件逸散VOCs排放量的推估係數不易訂定。

但台塑六輕擴廠計畫持續進行，VOCs排放係數計算的標準與結果差異，成爲可否通過環評承諾核定量的重要指標。尤其六輕近年來不斷藉由環境影響差異分析的方式來擴展四期計畫，其中運用自廠查核計畫的「六輕四期係數」，[5] 進行擴建後排放總量的推估，被外界質疑嚴重低估，地方環保局也質疑其與環保署空保處公告的相關係數差距甚遠。

檯面上六輕VOCs的係數有來自不同法規與不同單位所提供的3種版本：分別是：六輕三期排放係數、[6] 六輕四期排放係數、法規排放係數。[7] 係數因爲法規的不同，還可以進一步區分出不一樣的法規係數。三種版本下的排放量計算差異也很大：三期係數推估出3,337公噸、四期係數推估1,046公噸、法規係數其中之一所推估的排放量則是19,799公噸。上述五花八門的VOCs估算數字，哪一個才能呈現實際運作的狀態與排放現況，難以令人驟下定論。2012年10月17日的環評大會，民間團體出具雲林縣政府公文，指出六輕VOCs每年排放已超過核可量的4302噸，甚至可能超過2萬噸，要求環保署退回六輕擴廠環差案，引發環保署發出「嚴厲譴責」雲林縣政府公然捏造數據、竄改事實並推卸責任之新聞稿。[8] 數日後，雲林縣政府則登廣告強硬回應環保署的指控。[9] 這起中央與地方間在

VOCs數值上的角力持續發酵，更引發後續環保署狀告雲林縣政府的訴訟爭議。時至今日，排放係數爭議仍懸而未決。地方與中央在召開多次專家會議後仍沒有產出係數的共識，僅建議由一個廠先行試辦，以確定開發單位所提出方法的適用性，再送環保署審查。

(二)VOCs的範疇計算爭議

　　六輕VOCs排放量的第二個爭點，是那些應納入主要逸散源的範圍作為總量計算的基礎。六輕四期擴建計畫環境影響說明書的審查結論中，VOCs排放量計算範圍僅指出7項製程。[10]但於六輕4.7期擴廠時，環評審查最後決議六輕VOCs的總量計算應納入5項非製程[11]排放，才較能掌握汙染現況。

　　然而，台塑不服此項條件而提起訴願，最後行政院訴院會以程序瑕疵為由撤銷此一附款條件。[12]儘管，雲林縣居民再次提起行政訴訟要求撤銷其訴願決定，並於2014年2月獲得訴訟成功的結果。[13]但台塑企業運用行政訴願手段來撤銷此具有負擔的環評承諾，早已獲得擴廠許可的行政處分。

　　2013年9月，環保署首次以空拍查出六輕廠區內有3129座儲槽，比台塑自行提報數量多出一千兩百多座，台塑則回應儲存石化原料的儲槽只有一千八百七十五座，其餘為存放廢水之用。[14]在民間團體持續不懈的監督下，2014年6月，環保署審查六輕VOCs洩漏管制，會中界定「六輕廠區內與VOCs洩漏有關的設備有廢氣燃燒塔44座、內容物為揮發性有機體的儲槽2,043座、裝載操作設施則含188種揮發有機物、收受石化製程廢水的廢水處理廠7座、91單元、與石化製程中的61座冷卻水管，共分為五大項。」[15]六輕VOCs計算範疇似乎總算確立。不過，2014年8月的環評大會中，

台塑主動表示將撤回六輕五期案，以換取環保署繼續審查4.8與4.9的擴廠環差變更案。但民間團體再度呈現資料顯示，六輕竟將早已沒有運作生產工廠的排放量作為新設汙染之抵換來源，其排放量早已超過環評許可的4302噸。[16] 最後環評大會決議，4.8及4.9期續審前，必須先就釐清空氣汙染量，確認VOC排放沒有超過每年4302噸，再進行審查。

三、數據政治背後的風險治理問題

看到上述令人眼花撩亂的VOCs排放計算爭議，讀者們或許才恍然大悟，「六輕到底排放多少致癌性VOCs」的這個問題，整個政府的管制系統其實還未能確切掌握。見微知著，也難以使人對政府管控石化專區的環境風險能力產生信心。從上述爭議中，我們更要直指臺灣風險管控系統中的兩大問題：

(一)科學不確定下的管制俘虜

VOCs是極易揮發的氣體，在龐大的六輕廠區內，石化管線複雜交錯，大量的儲槽、近百萬個閥件或設備元件支援著不同的石化製程，加上離島工業區的管線容易侵蝕折損，使得排放推估量與實測量落差甚大。可想而知，在前述VOCs計算公式邏輯下，當設備元件的個數越多，科學的不確定性效果就越大，也導致VOCs排放量數字差異擴大。進一步來看，這些排放量的「事實」生產，與不同的法規運用、係數訂定、行政裁量彈性、以及外界政治壓力等息息相關。

我們驚訝的發現，在六輕VOCs爭議中，不論是在政策預評估

或執行監測的階段，甚至在重大工安事件爆發時，依據各種法規、科學規範下所生產的排放數字不一而足，但中央與地方政府卻從未掌握眞實的VOCs排放情況，只有不斷召開專家審查會議，審視企業提出的係數。最後卻往往屈就於行政程序的時間限制與企業提供的有限資訊，而難以負責地做出有效的決策行動。

在爭議過程中，行政機關最爲在意似乎是權責分際，隔空攻防相關估算與監測責任，來規避政治風險。眞正VOCs的排放量究竟爲何，似乎成了次要、可以延宕不解的配角。而六輕運用管制科學侷限，質疑行政程序瑕疵，嘗試排除環評會對VOCs非製程排放的規範估算，並善用制度內的數據詮釋優越位置，合法性地運用有利於己的汙染數據與資訊，使其在環評與監督機制內不斷被複製、討論、確認。而政府在這樣「專業審查」的迴圈中，非但無法釐清實質的汙染情事，更造成管制的延宕。

(二)企業主導VOCs數值的「科學」產製

六輕具有生產、詮釋、運用汙染數據的優位性其來有自。誠如前述，在偌大的六輕石化廠區要推估VOCs排放量，要考慮許多複雜且不確定性的因素。而考量到時間、人力、技術掌握等相關成本的投入，不令人意外地，設備元件抽樣方法與係數建置等相關知識與資訊建構，多半來自於本身即是汙染者的開發單位。

儘管政府標榜一套科學審查制度爲環境把關，並聘請專家們運用不同科學方法論以求得最接近事實的眞理，以釐清開發單位所提出的設備元件抽樣方法。但往往在行政程序、時間、資源條件限制與資訊不完整等限制下，難以得出具體共識，到最後不得不採取「擁有最多資訊、最瞭解狀況」的六輕所提出的方法先行試辦。

　　六輕VOCs管制的係數運用與抽樣方法爭議，突顯出一個值得我國環境影響評估與實質監測系統深切關注反省的現象，也就是二位一體的汙染者／開發者是整個評估監督程序過程的主要數據資訊提供者，甚至是詮釋者。當整個環境治理體系必須系統性地仰賴開發單位的知識生產，某個程度也系統性地強化了開發單位在政策過程的角色。諷刺地，當VOCs的數據向未得到「科學專業審查」的共識而無法採取有效的管制行動，卻可以成就了企業繼續生產、營運、擴建，而凸顯了「科學性」管制在行政程序中的問題與窘境。

四、建構可以回應複雜風險課題的治理典範

　　六輕VOCs排放爭議提供我們一個省思：現行法律所規範的方法與項目並無法完全有效掌握開發單位的排放現況與涵蓋最新的風險預防知識，行政機關在推估與掌握汙染數據時，更受制於科學的可行性、以及人力、財政資源的分配窘境，而無法釐清汙染排放的真實現狀。但六輕附近的居民與鄰近的國小學童，卻在不確定的風險數值下，成為承受六輕廢氣排放的白老鼠。石化專區承諾的美景，在有限的風險管控能力中，成為當地居民健康安居不可承受之「輕」。

　　要改善我國對石化產業的風險管控能力，我們必須針對上述分析指出的問題，調整現行環境評估與監測之制度方法。包括跳脫受污染者操弄的推估模式，尋求更為周延、涵蓋最大可能性的方法，來探索與驗證環境現況；透過規則與制度的改變，允許更多利害關係人的參與，提供專家與非專家的連結機會，以協助科學進行更切合在地需求的研究，從而提升環境專業審查的品質與課責性。新的

治理典範應奠立在友善於公民參與的制度平台，協助民間社會的在地知識、經驗，轉化為政策資訊與決策判斷重要的一環。

晚近在國際間蓬勃發展的公民科學，嘗試打破公民參與環境檢測監督的技術門檻，協助管制機關掌握更為貼近事實的證據或可參考。在許多國家的石化廠區周邊，居民發展出空氣品質救援隊（bucket brigades），[17] 透過系統性空氣樣本採集的集體行動，促使工廠空氣排放資訊透明化。這類的公民空氣監測計畫，挑戰了傳統握有科學與技術的權威力量，透過非傳統且低成本的方法，掌握汙染樣貌，重新界定汙染問題，迫使國家與企業負起責任。

顯而易見地，我國目前環境制度與治理模式，並無法有效管控石化業所造成的風險問題。而今石化風險加大，新的治理模式與典範急需建立。任何有意忽視石化風險，倡議繼續發展石化業、設立石化專區，奢言既有法令規章可有效掌握石化風險之論者，請先通過解決六輕風險毒害問題的考驗吧！

註　釋

[1] 根據六輕網站顯示，其園區面積，約林園石化工業區（388公頃）、大社石化工業區（115公頃）及頭份石化工業區（96公頃）合計總面積之四倍多。請參見六輕網站http://www.fpcc.com.tw/six/six_2.asp。

[2] 姚惠珍，2009/5/18，台塑六輕五期環評化整為零 擬關閉效益低舊廠 以降低VOCs年排放量。蘋果日報。http://www.appledaily.com.tw/appledaily/article/finance/20090518/31636389/。

[3] 可參見 張文馨，2014/8/13，六輕污染 學童一級致癌物爆量。風傳媒。http://www.stormmediagroup.com/opencms/event/card_stacks/FPCC_Cancer/index.html
以及國家衛生研究院網站上2014/8/18所張貼之「給許厝國小家長的一封信」http://www.nhri.edu.tw/NHRI_WEB/nhriw001Action.do?status=Show_Dtl&nid=20140818367506550000&uid=20081204954976470000

[4] 此兩張圖表由環球科技大學張子見老師所提供，特此感謝。

[5] 六輕於2002年至2004年執行「麥?廠區主要設備元件有機逸散污染源（VOCs）調查研究及查核計畫」，後續並運用在六輕四期的擴建環境說明書上，用以建置推估擴廠後的排放量。

[6] 六輕三期的係數是運用層次因子法，也就是寮考固定污染排放量申報作業指引暨排放量計算手冊建置。

[7] 「環境報導」記者朱淑娟亦用圖文說明，簡單明瞭的呈現三種係數計算所得之VOCs數字的差異性。相關網址請見http://shuchuan7.blogspot.tw/2013/05/vocs.html

[8] 環保署新聞稿 2012/10/24環保署嚴厲譴責雲林縣政府出具公函刻意誤導民間團體企圖推卸責任http://ivy5.epa.gov.tw/enews/fact_Newsdetail.asp?inputtime=1011024172159

[9] （廣告）2012/10/26 雲林縣政府 針對10月24日環保署新聞稿說明http://ivy5.epa.gov.tw/enews/pic.asp?ID=1011026045

[10] 7項製程包含：排放管道、燃燒塔、船舶發電、設備元件、廢水場、揮發性有機液體裝載操作，以及揮發性有機液體儲槽。

[11] 5項非製程包含：燃燒塔排放、設備元件的油漆揮發、相關儲槽清洗作業、冷卻水塔，以及歲修作業裝置。此為「五項非經常性排放源納入六輕總量管制」的附款條件。

[12] 訴願委員撤銷4.7期「五項非經常性排放源納入六輕總量管制」的附款主要理由有二，第一是若將「五項非製程性排放源」納入VOC（揮發性有機化合物）排放量，應制定相關執行規範，供廠商遵循，且應一體適用全國同業，不應針對特定業者；第二是質疑主管機關是否已有相關計算係數及查核方式。姚惠珍、王玉樹，

2012/12/07，訴願成功 六輕4.7期續推 蘋果日報 http://www.appledaily.com.tw/appledaily/article/headline/20121207/34690492/

[13] 吳柏軒、張慧雯、邱燕玲 2014/02/15台塑訴願輸了 六輕擴廠再度生變 自由時報 http://news.ltn.com.tw/news/focus/paper/754485

[14] 張勵德、姚惠珍2013/09/11六輕藏3千儲槽 空拍揪台塑短報 蘋果日報 http://www.appledaily.com.tw/appledaily/article/headline/20130911/35286190/

[15] 賴品瑀 2014/06/17六輕VOCs洩漏管制 因應對策終有譜 台灣環境資訊電子報http://e-info.org.tw/node/100129

[16] 洪敏隆 2014/08/04環評決議六輕五期撤回 四期擴廠先釐清 蘋果日報http://www.appledaily.com.tw/realtimenews/article/life/20140804/445870/%E7%92%B0%E8%A9%95%E6%B1%BA%E8%AD%B0%E5%85%AD%E8%BC%95%E4%BA%94%E6%9C%9F%E6%92%A4%E5%9B%9E%E3%80%80%E5%9B%9B%E6%9C%9F%E6%93%B4%E5%BB%A0%E5%85%88%E9%87%90%E6%B8%85

[17] 相關討論，可參見O'rourke, D., & Macey, G. P.. 2003. "Community environmental policing: Assessing new strategies of public participation in environmental regulation." in Journal of Policy Analysis and Management 22, 3: 383–414.以及Ottinger, G. & B. Cohen. 2012. "Environmentally Just Transformations of Expert Cultures: Toward the Theory and Practice of a Renewed Science and Engineering." in Environmental Justice 5, 3: 158-163.

第三部分
永續治理

第八章

石化產業的資本積累：資產階級民主化與民主風險治理的缺乏

蔡宏政

一、石化資本的形成：1970年代之前的威權國家領導

如同世界其他地區一樣，二次大戰之後的東亞區域結構主要是在美國強力干預下所形塑的。美國東亞戰略的最初目標是在解構日本軍國主義再次發動戰爭的能力。因此在整套的日本重建計畫中最主要的目標是拆除支持戰爭的財務引擎，日本財閥集團，民主化日本政治體系，以及改革日本的軍事文化。然而在1947到1948所逐漸出現的冷戰對峙急遽地改變了美國的東亞政策。日本重建計畫中的首要任務由國內的社會政治改革，轉向區域間的權力平衡，也就是建立起一個足以圍堵共產勢力的資本主義陣營。

然而，這個反共陣營一開始所費不貲，從1953到1962年，南韓的進口有70%是靠美援來支付的，而臺灣則是從1951年到1965年，平均每年接受一億美元的經濟援助，這個數目占臺灣每年國民生產毛額的5%到10%，占固定資本投資的42%。另外還加上一億六千七百萬美元的軍事援助，在國民黨政府當時每年26%的赤字支出中，有90%是由美援撥款所抵銷的（金寶瑜，2005: 130-131；王振寰，1989: 81-82）。東亞各國（特別是日本、韓國與臺灣所組成的東北亞）的經濟繁榮因此對美國有重大的地緣政治利益。在一個最理想的狀況下，東亞各國不但要能夠成為自給自足的圍堵陣營，以減輕美國的援助負擔，而且在日後還可以轉化為接受美國投資的國際加工基地（Gold, 1988: 185）。為了快速地建立東亞各國的資本主義發展，美國除了提供必要的技術與資本投入外，也幾乎無限制地開放國內市場吸收東北亞這三個國家的出口，容忍日韓台的關稅障礙與美國的貿易逆差。

　　戰後國民黨政府正是在這個地緣政治，以及接收日本殖民統治的強國家基礎建設所提供的基本架構下，展開與日韓兩國類似的威權國家領導發展（authoritarian state-led development）。但在這個著名的東亞發展模式中，臺灣有著一個跟日韓兩國關鍵性不同的特點，戰後臺灣社會是被迫接受了一個沒有本土政治基礎的外來政權，這個政權在228事件之後，以族群對立的方式在國家與社會之間劃下一道深刻的鴻溝。因此政府無法輕易地相信本土資本家，這個政治上的特性讓臺灣的產業特性迥異於日韓的財閥組織，而產生了政府控制中上游統治高地，獎賞對其政權忠誠的資本家，但制度上排斥基層的中小企業。

　　這個特性造成一個與世界主流殊異的現象，臺灣負責出口創匯以及原料需求的是中小企業，而國營與私人大型企業只能躲在關稅壁壘構築的國內市場，提供由國家保護的優厚價格給下游出口企業。從一輕到四輕，臺灣的中上游石化業就是在對美出口導向發展下的紡織、塑膠、肥料等原料需求下被建立起來。臺灣主流輿論經常謳歌過去經濟快速成長乃是得力於「英明」的技術官僚，但卻全然忘記，這個強國家領導是建立在一個對本土基層社會利益的暴力壓制與剝削之上。這個威權國家領導所形成的專家政治（technocracy）形塑了一種深入人心的制度記憶，以致於後來的民主轉型，在實質利益上或是精神意向上，都被侷限在政治菁英與經濟菁英之間的利益交換。社會大眾被要求為國家發展犧牲，經濟發展的外部成本，以及可能涉及到的風險，都不是政治與經濟菁英優先考量的政策目標。

二、1970到1980年代中期的轉變

1971年尼克森訪問中國對國民黨政府的中國代表性與戒嚴體制的正當性產生了根本性衝擊。1973-74的石油危機更對能源高度依賴的臺灣經濟造成結構性衝擊。國民黨政府除了有限度地開放增額中央民意代表選舉以吸納社會與黨內青壯世代的不滿外，接班中的蔣經國更巧妙地利用十大建設對石化業進行垂直整合，發展重化學工業，以經濟發展的實質關係彌補喪失的國際空間。這個被稱之為「務實外交」的政治與經濟力轉換策略固然延緩了臺灣的國際空間與國民黨的壟斷性政權，但它同時也開啟了臺灣資產階級民主化的道路。

有限度的開放中央民意代表選舉固然極大化國民黨政府的政治利益，讓它一方面以改革之姿補強「中國」政權正當性流失的基礎，另一方面則將改革幅度嚴密控制在「安全範圍」之內。在這之後，臺灣的民主化進程幾乎可以用增額立法委員的席次作為主要的觀察指標，從1972開始的51席（占所有席次不到1/7），到美麗島事件之後1980年的97席，經過整個八零年代街頭運動狂飆之後在1988年達到130席，到最後終於在1992年完成全面改選。

在經濟方面，十大建設固然成功地發展了臺灣的重化學工業，但也大力扶植了中間原料業者的私人資本，以及國民黨的黨營資本。其中最典型的例子就是台塑，這個早期得到美援之助所創立的民間資本，在1991年臺灣所有產業資本排名中高居第五，另外，國民黨財委會所投資的中美和也排名第25名（王振寰，1995: 102）。這些在1970年代逐漸茁壯的私人資本在1980年代的經濟自由化與政

治民主化產生了關鍵性的轉變。1979年的美麗島事件標誌著一個時代性的轉折，在此事件中遭到鎮壓的反對運動陣營，卻在1983年的選舉大獲全勝。反對勢力確立了它的民意基礎已經無法由直接的國家暴力家以摧毀。過去因為快速工業化所累積下來的問題，如勞資糾紛、危險的勞動環境、退休金制度的欠缺、各種工業汙染、城鄉發展不均等等，在政治反對運動的帶領下，以各種抗議活動與社會運動出現，其頻率與強度都達到歷史新高（表8-1）。

表8-1 1980年代臺灣社會抗爭的種類與頻率

議題類別	'83	'84	'85	'86	'87	'88	合計
經濟	89	89	114	116	293	407	1,108
環保	37	62	39	98	146	200	582
勞工	27	40	85	40	69	296	558
農民	3	0	3	2	24	51	83
少數族群	10	2	8	9	49	53	131
其他政治	1	5	7	60	119	136	328
其他	6	6	18	12	34	29	105
合計	173	204	274	337	734	1,172	2,894

資料來源：Lin 1988, 279。

由下而上的政治與社會反抗運動衝擊威權國家政治權威的同時，高度依賴於世界經濟的臺灣經濟也在1980年代遭到新自由主義由上而下的轉型壓力。美國金融帳的飆升導致美方要求關稅降低[1]與台幣升值。關稅降低使得國家領導發展從此只能更加依賴稅式支出的租稅優惠，並加重了所得稅在1981年之後成為政府稅收主要來源的趨勢（圖8-1），成為貧富差距加大的主要推力。台幣升值則

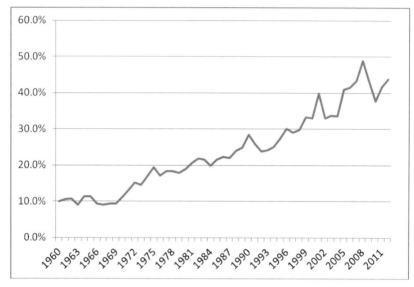

圖8-1　所得稅占政府總稅收

資料來源：財政部統計處

加重了資本再投資的壓力。當1970年代成功的經濟發展下所累積
下來的資本需要更大規模的投資時，由下而上的政治與社會反抗運
動使得土地與勞動力成本日益上升之時，而由上而下的廣場協定所
帶來的台幣急遽升值[2]卻加重了資本家的匯損與對外投資的壓力。
「優良」投資環境不再，整個1980年代臺灣的超額儲蓄迅速地上
升，最高達到1986年的21.35%（表8-2）。

　　從1980年到1985年，當時行政院長孫運璿面對這個發展難題
是往更高附加價值的新策略性產業轉型（也就是日後的電子產業）
來因應。1981年3月，行政院明確表示石化業停止一切量的擴充計
畫，政府轉向籌辦新竹科學園區。不過因為石化產業已經成形，比
較保守的政府官僚（以經建會主委俞國華為首）傾向遵照既成的制

表8-2　1980年代的超額儲蓄

Year	國民儲蓄毛額(1)	國民生產毛額(2)	超額儲蓄率 （(1)-(2)/GNP）
1981	5530	5298	1.31%
1982	5710	4792	4.84%
1983	6758	4928	8.70%
1984	8004	5193	11.87%
1985	8441	4713	14.82%
1986	11251	5006	21.35%
1987	12650	6598	18.40%
1988	12350	8160	11.69%
1989	12230	8851	8.51%
1990	12614	9458	7.29%

資料來源：修改自吳挺峰2003，頁63。

度慣性運作。在孫運璿中風，俞國華接任行政院長之後，石化資本家開始直接影響決策體系。1986年初，經建會通過五輕計畫，同年7月經濟部同意六輕開放民營；8月台塑、南亞及台化共同提出六輕計畫申請，經濟部隨即在9月核准。在不到一年的時間之內，臺灣產業方向逆轉，孫運璿時代的內需為主轉變為俞國華時代的自由化產量擴張。

三、石化資本的勝利：1980年代後期的資產階級民主化

　　這個由政治菁英與經濟菁英所翻轉的產業政策並沒有社會意見的加入，因此關於石化業所耗損的水、電與土地徵用等資源，以及產生的碳排放、空氣懸浮微粒與可能的致癌物等風險，都沒有在這

個產業轉型中被討論。但是國家機器對石化資本的親和態度在民主化過程中卻遭到社會運動的強烈抵制。1987年的中油五輕設廠遭到後勁居民強烈抵抗，並且在臺灣史上第一次的公民投票中，60.8%的居民表示堅決反對設廠。而1986年核准設廠的台塑六輕則在選址時就遭到強烈抵制，宜蘭縣長陳定南甚至於與王永慶在電視上進行針鋒相對的辯論。針對社會力的勃發導致六輕計劃受挫，1989年王永慶邀集八大資本家在經濟日報發表「資本家之怒」一文，宣布暫停國內投資，凍結人事，更在1990年加碼演出中國設廠的「海滄計畫」，充分表現了典型的投資罷工。在資產階級表達明確的自為階級（class-for-itself）行動之後，國家機器隨即在1990年做出威權國家發展的配合回應。除了修改「促進產業升級條例」，幫助台塑取得土地與專用港外，行政院長郝柏村更強調要「剷除妨礙經濟發展之因素」，取締「社運流氓」（王振寰，1995: 109），將社會的環境汙染抵抗行動犯罪化。

六輕的設廠標誌出政府已經喪失了過去威權國家對資產階級的領導發展能力，國家的威權領導只有針對公民社會，而政策工具只被用來幫助資產階級掃除障礙。由威權國家領導轉向資產階級民主化從此貫穿臺灣往後20多年的發展，政府持續運用稅式支出給與廠商各式優惠，但卻對廠商的技術升級與外部成本不加聞問。從1990年初之後，歷經李登輝、陳水扁與馬英九政府，也經歷了國會全面改選、總統直選與兩次政黨輪替，臺灣政府在不斷規劃永續發展的會議與政策綱領中，卻矛盾地持續開放高汙染、高耗能、高耗水、低附加價值的鋼鐵石化業，以至於二氧化碳排放量從1990年的1.08億噸，一路上揚到2011年的2.51億噸，人均排放量在全球上升到第16名，在五百萬人口以上國家更名列第6。根據能源局的資料

顯示，在這碳排量增長過程中，能源耗用成長最大部門就是工業部門，而工業部門中又以石化業與鋼鐵業為首（Chou, 2014）。

　　那麼在付出巨大的環境與公衛代價之後，石化業為臺灣創造了甚麼樣的經濟效益呢？依據主計處的統計資料呈現，石化業耗用能源約占全國26%，但它的上中下游產業所創造的GDP只有0.54兆，占全國GDP的3.97%，和國內的其他產業相較，石化產業所貢獻的GDP是效率最差的產業（本書第2章）。事實上，經濟部工業局的分析也呈現類似的結果，臺灣石化業的附加價值明顯不如國際水準（表8-3），以每噸乙烯所衍生的附加價值而言，臺灣明顯落後日本（圖二）。主要的原因就是研發創新投入的落後（圖8-3），只是偏好用量產的擴大，輸往技術尚落後臺灣的中國（表8-4）。簡而言之，臺灣社會容忍高汙染、高耗能（因此要蓋核四）、與高致病公衛風險，還要繳稅補貼技術落後的石化業者，為的就是成為中國的石化離島工業區，以供應中國經濟發展所需要的廉價石化原料。更可悲的是，中國石化產能在部分產品上已經出現過剩，屆時石化業者是否還需要臺灣社會支援更加優惠的租稅減免、水電供應、土地徵用、環境汙染，以增強「臺灣的」（還是臺灣資本家的）國際競爭力？

表8-3 臺灣石化業附加價值國際比較

	2007年	2008年	2009年	2010年	2011年
台聚公司	13.5%	10.1%	19.4%	19.0%	19.8%
臺灣塑膠	18.9%	13.0%	18.6%	22.6%	21.0%
台塑集團四大公司	18.9%	10.7%	16.8%	16.8%	13.8%
BASF（德）	29.1%	25.6%	28.6%	30.3%	28.0%
Rhodia（法）	27.3%	27.0%	29.1%	29.0%	25.6%
Dow Chemical（美）	22.0%	14.4%	17.4%	18.6%	16.4%

資料來源：經濟部（2012），https://dmz2.moea.gov.tw/otweb/08_KNOWLEDGE/KNOWL-
EDGE.aspx?serno=478。取用時間：2014/9/10。

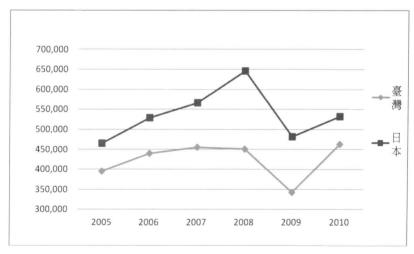

圖8-2 每公噸乙烯衍生石化產值（元／噸）

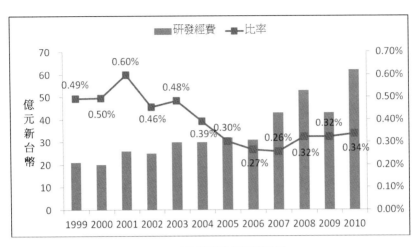

圖8-3 石化業研發創新能量低

資料來源：經濟部（2012），https://dmz2.moea.gov.tw/otweb/08_KNOWLEDGE/KNOWL-
　　　　EDGE.aspx?serno=478。取用時間：2014/9/10。

表8-4 2011年我國大宗石化產品出口中國大陸情況（單位：千公噸）

產品	生產量	出口量	出口比例	出口中國 （含香港）	出口中國佔 總出口比例
PE	1,091.0	683.5	63%	422.2	61.8%
PP	1,080.0	411.3	38%	249.2	60.6%
PVC	1,410.6	686.7	49%	255.0	37.1%
PS	872.0	783.0	90%	344.8	44.0%
ABS	1,207.0	1,159.9	96%	956.4	82.5%
PTA	5,303.0	2,962.4	56%	2,698.4	91.1%
EG	1,994.0	1,234.1	62%	1,143.8	92.7%
總計	12,957.6	7,921.0	61%	6,069.9	76.6%

資料來源：經濟部（2012），https://dmz2.moea.gov.tw/otweb/08_KNOWLEDGE/KNOWL-
　　　　EDGE.aspx?serno=478。取用時間：2014/9/10。

四、結語

經濟活動是人與環境互動，用以產生生活所需的物質，所以首要的重點在人們如何定義自己的「生活所需」，這意味著物質生產活動必須從屬於一個社會集體生活願景的建構。因此經濟發展的目的不是GDP的成長，而是人民的福祉，而何謂人民福祉，以及為了追求這樣的福祉需要承擔何種風險，最終而言必須由公民社會自己加以定義的。在過往威權國家領導發展模式下，這種公民社會自我定義其發展目標與風險承擔的行動在過往是被威權國家機器所壓制，而當民主轉型衝擊威權國家的領導能力時，政治菁英選擇與經濟菁英結盟，以更為精巧的「市場機制」、「自由經濟」、「全球化」等知識建構，實質上繼續排除公民社會的決策參與，也維持了少數權力壟斷的制度慣性。

一個社會不管採取何種發展方式，都會有或大或小的風險必須承擔。在風險治理、知識確定性與公眾信任的關係上，國際風險治理委員會（International Risk Governance Council）在其白皮書中提供了一個清楚的概念架構，詳細地將風險分為四類，並分別對應不同的風險治理策略。第一類是簡單風險問題（simple risk problems），這類風險由於不確定性與爭議性程度都很低，因此只需要以例行的制度與行政程序處理即可，也就是通過文官與專家進行風險利益的統計分析比較，而無須公眾參與。

第二類是複雜風險問題（complex risk problems），這類風險的產生是因為對事件本身的因果關係，或是對減低傷害的有效手段，存在著重大的科學爭議性。因此解決此一複雜性問題必須建立

在對完整與意見平衡的風險評估上。對各方面的理論觀點與經驗證據都要能夠被審慎評估，其目的是要讓多元的眞理宣稱得以呈現。這個層次的風險治理要能廣納不同陣營的專家與政府部門意見，並對不同理論的主觀判斷維持資訊的透明性。

第三類是高度未解決之不確定所產生的風險問題（risk problems due to high unresolved uncertainty）。高度不確定性的風險是因爲事件的相關變數不完全，以至於因果關係未能確立，因此會產生何種結果是不確定的。所以，對待此等風險應該採取預警性策略（precautious strategy），也就是風險管理者應該以小幅度的方式執行，以便在非預期的副作用產生時能夠即時停止，甚至於逆轉，事件的進程。由於存在著預期之外的風險，因此在這個層次上的風險治理需要納入決策考量的，不只是不同陣營的專家與政府部門意見，而且是所有風險相關的承擔者（stakeholders）。

第四類是高模糊性所產生的風險問題（risk problems due to high ambiguity），也就是風險所牽涉到的是在許多相互衝突的基本價值之間做選擇。例如基因改造食品牽涉到的不只是食品安全的問題，同時也有經濟上的利益，以及宗教上的理由。這時候的風險其實已經涉及到對未來願景的不同選擇，或是對人類是否能控制自身科技能力的信任程度。在這個層次，風險的決策考量必須對公眾開放，以最具包容性的各種形式進行公開審議，其目的是在最大可能的公眾參與下，尋求各種競爭論述、信念與價值之間的可能共識，以及建立對最終選擇的公共信任。（Renn 2006: 44-48, 50-54）

這四類風險與治理對策其實有一個基本邏輯，一個事件如果其因果關係越複雜，那麼風險治理的決策就需要越擴大其參與圈。因爲風險說到底是一個信任的問題，當可能被不信任的範圍越大時，

決策的參與圈就必須越大，其目的就是通過資訊透明與充分的討論促進公眾對風險的理解，以建立公眾對風險治理的信任。

從這種民主的風險治理觀點而言，整個高雄氣爆事件所炸開的是臺灣的政治社會（政府與主要政黨）長久以來對公民社會的虧欠。首先，在威權國家領導發展模式下，國家官僚與專家們通常會將傷害的發生解釋為「簡單風險問題」，因此只需要以例行的制度與行政程序處理（依法行政），也就是通過文官與專家進行風險利益的統計分析比較，而無須公眾參與，這就是所謂的專家政治（technocracy）。但是只有在氣爆之後，我們現在才赫然發現，不管是中央或方政府，他們連清楚的管線路線圖都沒有，也就是連基本的簡單風險處理能力都付之闕如。其次，即使現在大家已經理解到，整個高雄是建立在一個錯綜複雜的高爆炸性石化管線之上，作為石化產業最高主管單位的經濟部竟然宣稱「無法可管」，這個回答直接告訴人民的是，目前這個政府已經連過去威權領導發展模式下的專家政治都直接棄守。在一個政府已經完全失職的情況下，資本積累呈現它最為粗鄙的掠奪方式，以促進GDP增長做為增加集體幸福的虛矯藉口，直白地棄人民的生命、財產與健康於不顧。

因此，從高雄氣爆事件中臺灣社會應該開始理解到，良善的公共治理無法求諸於「英明」的政治菁英，或美好的「市場均衡」，而是公民自身的公共參與。有效的公共參與預設了資訊的公開與分析，由此產生公民之間多元的政策觀點辯論，才能逐漸形塑共識，據此要求政治與經濟菁英的讓步。這種民主審議（democratic deliberation）是民主的風險治理最重要的組成要素，事實上它也正是臺灣民主深化的必經之途。我們希望這本專書能夠在這方面發揮一些向前推進的力量。

參考文獻

王振寰，1989，〈臺灣的政治轉型與反對運動〉，《臺灣社會研究季刊》，2(1)：71-116。

_____，1995，《誰統治臺灣？轉型中的國家機器與權力結構》，台北：巨流出版社。

吳挺鋒，2003，《財政政治的轉型：從威權主義到新自由主義》。東海大學社會學研究所，博士論文。

金寶瑜，2005，《全球化與資本主義危機》，台北：巨流出版社。

Chou, Kuei Tien. 2014. "Predicament of Sustainable Development in Taiwan: Inactive transformation of high energy consumption and high carbon emission industries and policies". Paper present in the International Conference on Social Work, Social Welfare and Social Policy in Chinese Societies: Cross Cultural Experiences, Chinese University of Hong Kong.

Lin, Chia-lung. 1998. *Paths to Democracy: Taiwan in Comparative Perspective*. Ph. D. Dissertation. Department of Political Science, Yale University.

Renn, Ortwin. 2006. *White Paper on Risk Governance: Toward an Integrative Approach*. Geneva: International Risk Governance Council.

註　釋

[1]　1980年代關稅大幅調降了三次，其中1987年上半年調降項目就達到3000多項（吳挺鋒2004）。

[2]　從1985到1987年，台幣升值幅度達40%。

第九章

永續發展—一個治理的問題：從高雄氣爆事件談轉型管理的落實

　　八一高雄氣爆是臺灣史上規模最大、死傷與財損最嚴重的大氣爆公安事故，帶給臺灣社會沉重的傷痛與反省。卅一位無辜罹難者流的血、近三百位傷患的痛苦與驚嚇、以及前鎮區、苓雅區數萬戶生活受影響居民的不安與無奈，而被氣爆炸成大壕溝的凱旋路、一心路、二聖路到三多路等路段，這些令人怵目驚心的畫面，都難堪地見證出這個石化工業重鎮在陳腐過時、難以轉型的治理思維下，為在臺灣經濟成長所付上的慘痛代價。臺灣正面對產業升級、與國際網路競合大轉型的關鍵時刻。為了走向重生，無論是中央與地方政府、企業或一般民眾，都必須要痛定思痛，擁抱全新的治理模式，對於臺灣邁向永續發展的未來作全盤的規畫，從褐色治理邁向永續治理。

一、組織化的不負責任（organized irresponsibility）

　　此次高雄氣爆事件所面對的風險，是典型的「人為不確定性」風險，是一種後工業社會的非預期後果。有別於過去工業社會「第一現代性」下的風險，例如：工廠排放黑煙，這種工業化副作用之風險，是區域性、肉眼可見、且可以用保險沖抵的；不確定風險是在高度複雜的系統，與人機交互作用的複雜性中，使得安全措施被層層隱藏在系統的各種路徑中、抵銷、抑制，使得失靈事故變成常態與系統性，既無從防範、也無可預期（Perrow, 1984）。就像本次事件中，汽機車每日在市區馬路上跑動，而埋在路底下錯綜複雜的丙烯管線卻順著地下水道系統，隨著網路系統，跨越邊界四處流竄，在高雄前鎮、苓雅等區作帶狀和網狀的爆發，讓災害波及到完全不相干的人身上，這正是跨疆界、難以覺察、伴隨著人類的決策

與社會制度的「第二現代性」風險之主要特徵。

　　事件發生後，大眾才驚覺箱涵管線在施工、監工、驗收、查核、會勘、維護、資料登錄、以及丙烯輸送壓力異常時操作人員處理等各種面向都出現了層層失誤，印證了社會學者Ulrich Beck所說的「有組織的不負責任」。這次高雄氣爆的不確定風險事件中，是由於一連串「不知不覺」的累積促使事件一發不可收拾。包括：(1)**誤解或誤判**（事情一發生時大家錯把丙烯當成瓦斯；市府防災部門誤判形式，不但未管制人員，強制關閥門，還要民眾安心回家睡覺；華運誤判氣體壓力監控儀器，明知流量異常仍繼續送料）(2)**對風險知識有選擇性的接受或傳遞**（市府的地下管線圖資料記載錯誤；涵管中偷渡石化管線，管線單位未盡通報之責）；(3)**無能去知**（消防隊沒有足夠的設備與訓練判讀氣體；市府缺乏對危險氣體辨識研判、以及安全標準作業的專業能力；居民完全不知自己住家旁的馬路埋有石化管線；大型石化工安法令散落各部會、無法協調）；(4)**無意欲去知**（承包商瑞成公司未依圖樣施工、市府草率驗收、監造；榮化明知丙烯流量異常，仍要求繼續輸送丙烯）；(5)**真正的無知**（消防法中列管的可燃高壓氣體中竟獨漏丙烯），(6)**知識的不確定性本質**（長期曝露於丙烯外洩環境對市民健康的影響；丙烯外洩是否造成其他空氣、環境、市民健康的汙染與其他非預期後果）。

　　在這個慘痛事件的問題核心，不只在於表面上的責任歸屬與理賠，指向更深一個層次的治理能力問題，正如Jared Diamond在他的「大崩壞」一書中所指出的，**群體決策的失誤**，不但跟群體「知的能力」有關，也牽涉到國家的「治理能力」與「治理的價值觀」。

二、今日的風險是昨日的理性決策

事實上，高雄發生氣爆事件已經不是第一次。除了此次的八一氣爆之外，十七年前高雄前鎮區鎮興橋也曾發生石化管線氣爆事件，造成二十八人傷亡，二十餘戶民宅受損，賠償受災戶高達新台幣四‧一四億元。殷鑑不遠，為什麼消防隊員根本不知道地下埋了石化管線、也無法辨識出外洩的氣體？身處石化工業重鎮的高雄市政府的建管、都發、環保、消防等各級單位都無法判斷這可能是一場化學災變？而主管石化產業的中央主管機關，竟然對於業者有毒物質處理與地下管線管理的風險揭露與評估沒有任何法律規範？任憑業者「賭運氣、草菅人命」式的自主管理？

這些集體決策的失誤，看似走向複雜社會崩壞的後塵，「這些社會好像坐以待斃，危機迫在眉睫，卻不採取行動，試圖挽救。」（Tainter, 1990）說穿了，由中央到地方、由公部門到私部門對於高雄石化管線氣爆事件集體性的「不知不覺」，其實是伴隨著不同時代的理性決策與價值判斷，「鑲嵌」在各種社會制度技術與應用科學等應運而生的共同結果。今日的風險是昨日的理性決策，路徑依存的經濟發展，難以「脫嵌」於社會和自然環境免受破壞（Polani, 2001）。

高雄市是臺灣南部的重工業城市，自日治時期起即已轉型成將自然資源輸出的現代化港口，包括鋼鐵、石化、電廠、重機械業及水泥等高汙染產業林立，圍繞在高雄地區設廠，除排放大量空氣汙染物之外，亦產生大量溫室氣體排放。小小臺灣，貢獻給全亞洲碳排放第一名，而高雄市，竟是全世界人均排放量最高的城市。高

雄地區人均碳排放量32.28公噸，高雄平均碳排放為全國（12.08公噸）的2.67倍、全世界（4.38公噸）的7.37倍（2012）。而根據內政部的統計（2012），高雄市民的平均壽命（77.97歲）是五都中最低，較最長壽的臺北市民（82.7歲）足足少了五歲。從風險分配的角度來說，高雄為臺灣經濟發展承受了最大的代價。

高雄的工業發展以仁武、大社、林園的石化產業鏈、與中鋼、中船、台機為主軸的臨海工業區的重工業產業鏈為兩大軸線。經過70年代十大建設的榮景，國營企業轉型因工業性質的轉換而衰敗，中船、台機、台鋁等接連倒閉，工業發展停滯，而石化產業長期以來高耗能與高汙染，更讓市民掀起一波波地「綠色運動」，訴求居住安全與環境正義。是否能提出高雄市「再工業化」的轉型治理藍圖，已成為民眾與市民社會，對於未來治理正當性的重要取決標準與殷切期盼。

事實上，高雄市發展成為南臺灣工業重鎮，從日治時代的供應軍需工業燃料，到國營企業時期帶動臺灣的經濟發展，這些路徑依存的發展，其治理價值觀一直是以一種「褐色經濟」的思維在背後支撐：也就是，站在「發展至上」角度，大量開發與使用自然資源、消耗環境成本，同時將環境汙染視為經濟發展過程中的必要之惡。犧牲少數人、或特定地區，以換來整體經濟發展的成果。這個治理價值觀將經濟、環境與社會三者脫勾、分頭發展，甚至相互排擠，無視資源耗盡、生態保護的不可持續性。至於經濟發展帶來長期、系統性發展的非預期後果，則不負責任地丟給下一代。這是典型的短視近利、掠奪式褐色經濟發展的思維模式。此次高雄氣爆，只是高雄在過去七、八十年來，承受褐色經濟苦果的冰山一角而已。

　　雖然行政院長江宜樺與高雄市長陳菊已於「江菊會」中達成，確定中油五輕104年直接關廠，大社工業區降編為乙等工業區，氣爆的3條石化管線不再回填等共識。但是筆者以為，正本清源，我們應藉由高雄氣爆事件慘痛經驗汲取教訓，面對導向**群體決策的失誤**的舊治理價值，以務實態度開始正視永續治理的議題。正如德國的魯爾區、法國的洛林區等煤炭、重化工業區，這些高耗能、高污染的工業城市轉型成功的例子，可以作為大高雄「再工業化」的借鏡。將永續治理的發展模式引進新的城市治理，有效地導入轉型管理機制。讓港都這個褐色工業城市，能在此浩劫中浴火重生，蛻變成一個綠化、永續的智慧城市，使經濟發展、環境保護與社會生活品質重新扣連起來，平衡發展。

三、永續治理、走向重生

　　從1983年以來聯合國環境與發展委員會對於永續的定義一直是：「滿足當代的需求與福祉，不能以犧牲掉下一代滿足其需求與福祉的能力為代價。」永續治理的問題，遠較環境與成本更加複雜，牽涉到生態、經濟、社會、政治等，是一個複雜且跨領域的議題，其本身就是一個二階治理問題：一種對於複雜性（complexity）的知的能力、管理與調適的能力。

　　正因為永續的目的平衡考量環境、經濟與社會發展目標，注意到不同問題與尺度間的相互連結性（interconnectiveness），因此永續治理帶來的是一種新形態的問題處理方式，有別於過去專業分工、線性的一階問題處理方式（Voß & Kemp, 2006）。永續概念所帶來的是，對於過去計畫與嚴謹分析、政策途徑所達不到的一種重

新的認知。根據OECD最新的永續治理指標（2014），將永續發展與治理視爲一體兩面，共包含三個柱石：政策績效（Policy Performance）、民主（Democracy）與國家治理能力（Governance）。

1. 政策績效柱石，指的是政府必須要強化社會、經濟與環境的條件，以創造更多的福祉與賦權；

2. 民主柱石，指的是民主的品質（Quality of democracy），政治領袖與決策者能夠承諾給民主參與的機會、對法律的尊重、以及公民權益的維護，以進行具有正當性的政策行動。對於治理機制與制度的信心，會讓社會願意迅速配合必要的改變；

3. 治理能力的柱石，則包括執行力（Executive capability）與執行的責任（Executive accountability）。治理的柱石要探討一個國家的制度性安排（institutional arrangements）有多少程度可以協助強化公部門的執行能力，又有多少程度可以授權公民與其他第三部門參與，給予政府行動責任足夠的正當性。執行責任指的是在政策制定的過程中，政府與相關利害關係人間的有效的溝通。

這項永續治理指標提供了國家決策者、政策制定者、公民社會的行動者、學者專家與一般大眾一個對永續政策形成與落實有效監督工具。2014年更新的永續治理指標，特別強化了政府賦權與形成公民參與的環境之責，將永續治理不但視作是政府的責任，也是所有利害相關人的責任，更是在世界主義下所有政府需要善盡的國際責任。

政策績效		
經濟政策	社會政策	環境政策
經濟	教育	環境政策
勞工市場	社會包容	環境保護制度
賦稅	健康	
預算	家庭	
研究與創新	退休津貼	
全球金融市場	消除種族差別待遇	
	生存安全	
	全球社會不平等	

民主品質			
電子化程序	資訊接近使用	公民權與政治自由	法規建制
候選程序	媒體自由	公民權	法律確定性
媒體接近使用	媒體多元	政治自由	司法審查
選舉與登記參選權	政府資訊接近使用	消除歧視	司法任命
政黨財政			防止貪腐
公眾決策			

治理能力	
執行力	執行責任
策略能力	公民參與的能力
跨部會的協調能力	立法的行動者之資源
以證據為根據之工具	媒體
社會建構	政黨與利益組織
政策溝通	
有效政策落實	
調適力	
組織改造能力	

圖9-1　OECD永續治理的三個柱石與相關指標

資料來源：OECD（2014）

在這三項永續治理的柱石上，2014年是以北歐國家瑞典、芬蘭、挪威在四十一個OECD與歐盟（EU）國家中三個指標都名列前茅；而美國在治理指標排名第六、民主指標排名第三、政策績效則名列第廿八，足見美國在經濟政策、環境政策與社會政策的永續平衡上，乃是OECD國家中的中後段班。相較亞洲地區，南韓、日本分別在政策績效指標排名廿、廿二，優於美國、愛爾蘭、以色列，治理指標上排名廿六、廿七、民主指標上排名卅六、卅三。顯見我們鄰近的南韓與日本在永續治理的議題上，都已逐漸擺脫褐色經濟的發展模式，邁向永續轉型發展，而其國家治理能力上也有相當的成果。

反觀我國此次高雄氣爆事件，引發事件的高耗能、高汙染石化產業所帶動的經濟發展方向，一直與環境運動之間不斷抗衡，為了經濟與勞工市場的考量，罔顧公民的生存安全、健康、與南北差別待遇社會、經濟與環境政策間並沒有取得平衡，政策績效上未能取得正當性；而在民主品質上，獨占的國營事業在民營化過程中錯綜複雜的政商關係，以及地方派系的民主政治，使得許多決策過程與資訊既不透明也不公開，我們雖空有政府資訊公開法，但是真正重要的有關國土現況與其容受力資訊，就像這次石化管線分布圖，連政府部門從上到下都一問三不知，遑言承諾民主參與的機會，而公眾參與者的代表性往往令人質疑，更是造成民眾信心危機的關鍵。

此外，在治理能力上則更加難堪。沒有氣爆前連住在石化管線上的居民與消防隊員都對於腳下踩的是什麼一無所知，氣爆之後中央與地方、藍營與綠營的相互諉責，都讓人對於政府的執行能力、跨部會間的協調合作能力、政策溝通能力、與調適能力大打問號，更不用說有什麼組織轉型能力與能負起讓公民參與的執行責任了。

而我國政黨政治發展至今，仍路徑依存在地方派系的網絡下，使得兩黨傾向競逐短期利益與資源，對於超越政黨利益整體台灣的未來──長期永續發展的跨世代的正義問題，鮮少有宏觀與整體性機制對於政策規劃進行調合鼎鼐，勾勒真實的願景與圖像，更令新生代的年輕人恐慌、失去奮鬥的方向。

　　至於在我國整體的永續治理架構上，從國家發展委員會報行政院通過的「黃金十年、國家願景」計畫來看，我國永續政策規劃的觀點，依舊是放在經濟與環境對立的褐色經濟的舊思維下所作的規劃。整個計劃目標：「繁榮（經濟）、和諧（社會）、永續（環境）」，而八項願景，則是分屬與經濟、社會、環境三分領域的分類架構，是依照部會科層結構化的治理觀念，使大家只注意到行動者與任務導向的一階治理。

　　而OECD的永續治理指標中，所關切的系統與系統之間彼此的糾纏（entangle）與相互連結性（interconnectedness）二階治理系統的轉型與創新，例如如何調適、跨部門間的協調、組織改造能力、社會建構、如何納入公民參與、政策溝通、與媒體能否發揮相關的社會功能、善盡社會責任等等，這些屬於協助國家治理能力更新轉型管理重點，卻在黃金十年願景中付之闕如。顯見我國治理精英的永續觀點仍是以分離面相，將永續窄化、簡化成環境議題，孤立在複雜脈絡之外來探討如何節能減碳、保護生態、防救災害，見樹不見林。卻沒有從永續治理角度，討論如何超越在制度理性之上，去面對不同制度理性所衍生的新問題，並去重新認知舊制度累積下的所產生的新問題、形成制度性問題解決的反饋調適系統，打破一階治理的惡性循環。

　　基本上，永續發展必須是統整的（holistic）、交響樂團式的開

放式、動態性的規畫，必須是一個開放式學習過程，具有實驗性。
牽涉到整合學科的知識生產，要能協助經濟、政治、文化、科技、
生態各個次系統必要的合作；預期行動策略對長期系統性影響；規
劃策略與制度的彈性與調適性；在利害關係人與民眾互動參與過程
中，形成永續目標。透過充分的資訊、有品質的溝通、多方參與的
機制，並能隨著轉型過程，不斷修正目標與調整價值和對問題的認
知；採取互動式的策略發展，將個別的策略，鑲嵌在一個政府應提
出的整合藍圖（Voß & Kemp, 2006）。

　　臺灣的永續治理應從國家的高度，來談整體產業結構如何轉
型、能源、土地、森林、水等自然資源的承載力，與其如何繼續在
未來五十年到一百年支持下一世代的發展前提下，作長期性的規
畫。藉著此次高雄氣爆事件所凸顯出的問題，開始朝向長期性的治
理架構與治理模式發展與調適。因此，需要重建的並不只侷限在高
雄市與石化產業，而是整體的治理思惟、價值觀、與方法論。若不
從國家治理層次來定位與思考永續發展，「黃金願景」的口號即使
說得再響亮，在氣爆人命關天與褐色經濟的陰影下，恐怕民眾仍是
無感，難以對政府政策信任與認同。

四、落實轉型管理（transition management）：取法 荷蘭的作法

　　永續治理的新型態的處理問題策略，須要協調不同行動者在不
同地區行動，作集體的策略，而非單點主導。因為影響社會的改變
能力是分屬於各個不同的各理階層，是由不同的行動者：國家的行
動者、生產者、消費者、科學家與媒體互動中，產生分散式的網路

影響力，帶動結構式的創新。

　　然而，這種新型態的治理究竟應如何落實？荷蘭自2001年起有五個行政機關同時開始發展對於交通、農業、能源供應與生物多樣性的轉型政策，到目前為止，已經建立了不同的轉型角力場域，並發展出不同的願景、與願景相配合的議題。此外，在這些領域中已經開始了許許多多的實驗，未來將落實在現實生活中。這項實驗性的計畫是以協同合作式的政策制定、長程規劃與創新環境政策為主。由於荷蘭政府與學界有感於單靠傳統的政策制定途徑，已經無法解決當前的越來越多反覆出現且複雜性的問題，例如：食品安全、能源、空氣汙染。因為這些問題都具有複雜性、沒有結構化、涉及不同的利害相關人，既有基本的不確定性，更鑲嵌在社會系統與制度環境中，都不是過去為了達成特定目標之「計劃─執行」模式可以因應的。

　　因此，荷蘭在過去十年多來發展出「轉型管理」這種新興的科學觀點，以一種建設性的方式，來處理複雜性與不確定性的問題，也成為歐洲國家「轉型管理」的典範。荷蘭政府認為推動「轉型管理」幾乎是唯一可能且可行的方法可以達到真實的永續治理。一方面受惠於長期永續規劃，另一方面卻能維持短期的多樣性，這樣的發展路徑，非常值得作為我國目前所遭遇到邁向永續治理的轉型困境之借鏡（Loorbach and Rotmans, 2006）。

　　「轉型管理」本身就是一種發展模式，可以被應用在許多不同的領域與地區的治理過程中。「轉型管理」是一種設計，同時兼顧到系統的改良（在原有的路徑上改進），以及系統創新（發展新的路徑或轉型）。而政府在不同的轉型階段扮演不同的角色。例如，在發展之前的階段，需要有許多社會實驗，同時營造社會對轉

型計畫的支持，而計劃的細節則是在經驗中逐步形成的；而在加速執行的階段，政府的角色就需要控制新科技在大規模應用上副作用（Loorbach and Rotmans, 2006）。因此，「轉型管理」是基於一種更流程導向（process-oriented）、找尋目標（goal-seeking）的哲學，將短期創新的空間、與長程永續發展的願景，連結在所預期達到的社會轉型方向上。這個過程必須要製造寬闊的橫向連結網絡，包括企業、政府、科學界與公民社會。這些網絡對於社會改革有共同的願景與議題，且對於一般的政策有持續的影響力（Loorbach, 2010）。

　　「轉型管理」的過程是周期的與反覆出現的過程。轉型管理的發展圈包括四種類型的活動：(1)策略性：要先建立特定主題，並進一步發展出轉型的角力場域；(2)戰術性：發展出永續發展的長程願景，以及轉型的共同議題；(3)操作性：發想並執行轉型的實驗；(4)反身性：監督與評估轉型的過程，見圖9-2。根據荷蘭執行轉型管理的經驗，一個轉型週期大約需要花二年到五年的時間，視實際執行的脈絡而定。

　　從「做中學（learning by doing）」是轉型管理中相當核心的部分，也就是說，它是一種方法，以更實驗性和探索性的態度來發展「實踐中的社會創新」（social innovation in practice）。荷蘭在執行「轉型管理」周期的過程與作法大致如下（Loorbach, 2010, pp. 172-178）：

(一)策略性活動

1. 「**轉型角力場**」：是由一小群（約10-15人）不同領域的領先者形成小的網絡，會提出跨領域對於特定持續性問題不同的觀點、與不同方向的可能解決方案，在網絡中討論、

衝撞、並整合想法。這些參與者不代表其所屬機構的立場，純粹是個人意見表達。人選的選擇主要基於其能力、興趣與背景。條件包括：有能力對於複雜問題高層次的抽象思考、有能力超越他們原有學門和背景的限制看問題、可以接受不同的網絡中某種程度的權威、有能力在其原有的網絡中建立與解釋永續發展的願景、願意與其他人一起發想問題、對於創新抱持開放的態度，而非心中已有特定的答案。這些領先者未必要是專家，也可以是意見領袖，且願意預備投資時間與精力在創新的過程中。許多人是從政府、企業、NGO、知識機構與中介性機構（例如：顧問公司、專案機構或仲介等）

2. 「轉型角力場」──協同合作網絡：並非是一個行政的平台、或是顧問群，更不是守門人，場域進行的過程是一個開放、逐漸演生的創新，包括有不同的方案與選擇，強調在一共同架構下有意願共同合作。參與創新過程者是自主性地參加，某些參與者也著眼於對創新過程有正當化與資金挹注的考量。這些領先者在一段時間後有些人會退出、有些人會再加入，管理工作是為這些領先者創造足夠的空間與有利的條件，例如：想像的創新真實開始成形了。但需注意的是，他們並不是經營團隊或是顧問群。

3. 「參與式整合系統途徑」：當這一群參與者凝聚到特定轉型議題時，就需要藉由很強的互動過程達到一個聯合的問題意識，藉著這些互動產生永續發展的願景，包含長程永續發展的基本原則，同時也給短期與中程的不同意見的解決方案、目標和策略預留空間。

4. **「轉型願景」的建立**：轉型願景是一個非常重要的管理工具，可以達成新的想法與從新出發。想像的過程就與最後得到的願景一樣的重要，雖然花體力與時間，但是對於要達到預期的方向是致關重要的。轉型願景提供了一個共同的焦點與限制性，決定了未來轉型活動可以操作的空間。

5. **「轉型議題」的形成**：發展出了永續願景後，就基於這些願景去發想轉型的路徑，據此開始起草轉型議題。共同的議題包括聯合的目標、以及達成這些目標的行動要點、計畫、工具。這些轉型議題形成了這些領先者在研究與學習過程中所涉及的範圍與指南。

(二)戰術性活動

1. **「轉型情境」**：上述的願景與想像必須要轉譯，並鑲嵌在不同的網路、組織與制度脈絡中。戰術性的活動乃是透過各種轉型情境分析，來探索朝向期望的永續方向發展之結構性的障礙。這些障礙可能包括管制單位、制度性與經濟性的條件、消費者習慣、各種硬體設施與科技。

2. **「轉型路徑」**：此階段要將轉型網路從開始的「轉型角力場」擴大，透過自發形成的聯盟，將這些願景轉譯成轉型路徑，即透過中程標達到轉型想像的路徑，可以用更量化的方式形成。不同的轉型路徑可以指向同一個轉型想像。在此階段，不同行動者的興趣、動機與政策逐漸在開放性中形成。

3. **「協商投資」**：在這個階段參與的行動者是代表某個機構願意且能夠長期投入的。徵召這些行動者應當要有足夠的權力與空間來調度其組織的資源，同時也有能力讓其組織

方向對轉型過程有所貢獻。最重要的是，他們有能力將轉型願景，轉化成自己組織的轉型議題。當組織與相關網路開始調整他們的政策與行動時，轉型願景與其日常的政策議題產生衝突，如果有必要的話，可以展開一個新的角力場，在策略層次上再做討論。

(三)操作性活動

1. **「轉型實驗與行動」**：在此階段執行轉型行動與實驗的目的在於要拓寬、深化、同時增加既有的與計畫中的提案與行動之規模。轉型實驗必須要能與願景的脈絡與所發展出的轉型路徑相合，可能會互相競爭與互補，多樣性是很重要的面相。轉型實驗也具有高度風險，可以帶給轉型過程潛在重大的創新貢獻。這些實驗也可連結到已經在發生的創新實驗，只要這些實驗能配合得上轉型的脈絡，成功的實驗可以再複製在其他不同的脈絡、或是應用在更微觀或中程的規模上。

這個過程大約要花五到十年的時間，雖然耗時甚多，但這些實驗結果可以彼此互補與增，貢獻於永續的目標，既能擴大應用，同時也是重要又能夠量測的。

(四)反身性活動

1. **「監督轉型的過程本身」**：包含對有問題的系統作實質的改變、對鉅觀的發展作緩慢的調整、對於有利基的特定發展作快速改變、以及在政治制度上一些個人或集體行動者的運動。

2. **「監督轉型管理」**：首先，在轉型角力場中的行動者的行

爲、網絡活動、相關聯盟的形成、與責任、以及其活動、
計畫、工具需一定程度上有所監督；其次，必須監督轉型
的議題確實與行動、目標、計劃、工具是一致的；最後，
轉型的流程本身也需要受到監督，例如：進度、需要被排
除的障礙與瓶頸。

　　監督是尋求轉型與學習轉型過程中關鍵的部分，在每個不同階
段與不同層次的轉型管理上進行整合性的監督與評估，可以透過不
同行動者間的互動與合作，刺激社會學習的過程，也是二階治理的
核心反饋階段。因此轉型監督有助於反省集體的流程，同時說明下
一個階段的方向，形成政策制定的反饋圈。

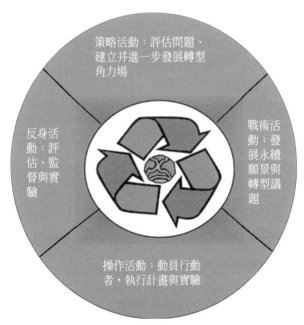

圖9-2　轉型管理發展圈的週期與活動

資料來源：Loorbach, 2010, p. 173

五、邁向永續的轉型治理我們的當務之急

　　這次高雄氣爆的重大災難帶給臺灣社會一個深刻的反思，突然驚覺雙腳就踩在風險隨時可能爆發處，這場災難也敲醒了我們過去被制度化制約的不知不覺、更凸顯出舊治理模式的荒謬性與缺乏正義的種種問題。事實上，從褐色經濟邁向綠色經濟，不只是臺灣，是全世界無論先進國家或是第三世界國家都正在共同面對與經驗的痛苦抉擇：就是在一個資源過度開發的世界中，我們必須要作出的一個選擇，調整對於褐色經濟的依賴，以新的治理方式讓我們的下一代與後代子孫仍有足夠的生存空間。

　　我們當前的挑戰是，提昇政府組織與企業組織的「知的能力（knowledgeability）」與「管理的能力（manageability）」，來面對層出不窮的人為不確定性風險，例如：在高雄氣爆事件不久、又爆發餿水油事件。我們需要面對的二階（second-order）治理問題，學習合作與共同解決問題的能力。德國在廿世紀60年代也歷經魯爾工業區調整布局與結構漫長的變革與學習的歷程，從第一個十年改造傳統產業、改善交通基礎建設、投資科研機構；到第二個十年開始發展新興號產業、第三個十年則則由德國聯邦與地方政府配合，充分發揮具地方脈絡特色的多樣化產業結構，使得逐漸衰落、汙染嚴重工業區得到重生，成為資源再利用型城市。轉型是一個長時間、具有方向性、值得期待的過程。

　　置之死地而後生。繼續閉起眼睛不面對問題、因循苟且，在全世界各國都努力致力於永續大轉型的今日，臺灣這條小船可能難逃衰敗命運；但是若能在這些難堪處痛定思痛，正視轉型治理問題，

雖然或許無法立竿見影，但每向前走一步，就是更通往新生。爲了我們前代先人努力打拼所留給我們的豐富資源，以及下一代與子孫的明天，臺灣這一代的成年人有責任作一個價值選擇：開始攜手同心，學習處理永續治理問題，不應再各自爲政、極大化私利。因爲今天不做，明天就會後悔，大家其實都在同一條船上。

參考文獻

Beck, U (1999) World Risk Society. Cambridge: Polity.

Diamond, J. (2006) 大崩壞—人類社會的明天？台北：時報

Loorbach, D. (2010) "Transition Management for Sustainable Development: A Perspective, Complexity-Based Governance Framework," Governance: An International Journal of Policy, Administration, and Institutions, 23(1):161-183.

Loorbach, D. and Rotmans, J. (2006) "Managing Transitions for Sustainable Development," in Understanding Industiral Transformation: Views of Different Disciplines, eds. X. Olshoorn, and A. J. Wieczorek, Dordrecht: Springer.

OECD (2014) Policy Performance and Governance Capacities in the OECD and EU: Sustainable Governance Indicators 2014

Perrow, C. (1984), Normal Accidents: Living with High-Risk Technologies. NJ: Princeton University Press.

Polanyi, K. (2001). The Great Transformation: The Political and Economic Origins of Our Time, 2nd ed. Boston: Beacon Press

Tainter, J. (1990) The Collapse of Complex Societies. New York: Cambridge University Press.

Voß, J-P and Kemp,R.(2006) "Sustainability and Reflexive Governance: Introduction," in Reflexive Governance for Sustainable Development, eds. J-P, Voß, D. Bauknecht, and R. Kemp, MA: Edward Elgar Publishing.

第四部分
公安與災難

第十章

從歷史歧異中建立公民科學知識的新典範

洪文玲

　　高雄氣爆事件後，我們猛然發現，「歷史共業」是個相當哀愁卻又療癒的詞語，讓我們面對沉痾不舉的無奈，卻又把不知所措丟給過去。氣爆事件凸顯了臺灣南部石化工業，長期在高雄地區與民為鄰的發展歷史，現在我們必須放下十大建設「石化工業」光環，重新檢視從戰後到現在，這齣最讓人傷心氣結的本土劇。高雄與石化產業，如何能從歹戲拖棚到一個充滿希望的光明未來，這是公民、產業與政府需要共同編劇演出的。

一、石油工業興起

　　日本於二次大戰時，為供應軍事需求，於高雄半屏山北邊購買民地，設製日本海軍第六燃料廠。戰後民國35年此廠由「中國石油公司」工程師與實習員接管，開始建立自煉石油能力，即後稱的中油高雄煉油總廠。在這個產業發展過程中，早期的規劃是以提供臺灣及大陸沿海城市燃料用油，解決煉油工程挑戰為目標，以建立產量及品質基礎為考量。[1]高雄總廠由中國石油公司接管後初期，必須建立由高雄港苓雅寮輸油站至高雄煉油總廠的原油及成品出口輸油管線。長達15公里的兩根六吋輸油管於地面鋪設，沿著縱貫鐵路經鼓山區進入市區，包含一段鋪設於愛河底。這兩根輸油管是由當地的鐵工廠以戰後的物資施作的，因為當時物資有限，施工水準也不成熟，完成後在以水壓試驗密合度時，就發現焊接露孔的問題。所以輸油時，有時油漏進稻田，引起一片火海，有時旁邊縱貫線的火車剛好經過，油管噴出的油從火車頭澆到火車尾。於是工程人員向當時的廠長賓果博士建議遷移，以12吋的輕便油管，以橡皮墊頭安裝，沿公路地面鋪設，地權容易取得。接著又安裝4至6吋之成

品管三條，輸送原油及重油。後來應公路（可能是一省道，今民族路）拓寬需要，全部改為地下管時，已使用十五年了（可能約於民國50年初期）。[2]

　　其後，中油公司高雄煉油總廠逐步擴充各種生產規模，並依政府發展石化工業規劃，建立了「一輕、二輕」[3]，生產乙烯、丙烯等塑膠原料，是南部石化中心[4]。民國62年時，民間對石化原料需求急遽增加，政府決定設立第三石化中心，由中油負責於臨近大林蒲（油港）的林園興建三輕，於民國63年動工。因林園廠所需之油料由大林蒲分廠供應，且林園廠開工以後，有一些產品和副產品，必須送回總廠處理，共需要八根長途油管。同時，「在配合前期計畫而提出建廠需求的下游廠商，如中化丙烯腈廠、台塑及台聚等，均將在仁武大社工業區內擴廠或新建，因此必須以長途油管將林園廠的部分產品送達35公里以外的仁武、大社工業區。乃初步決定埋設三根，以輸送乙烯及丙烯，後來台聚公司決定自行投資埋設一根，其設計及施工及委託本公司（中油）辦理。完工後，將有四根油管與高廠仁武大社工業區連成一氣。對於產品的輸送及調整，大有助益。」[5]此四根長途油管，穿越村莊、道路、河流，於民國65年完成。雖然石化工程師自述石油化學工業是一個極具危險性之工業，但這些對在地居民生活環境構成風險的，油管鋪設與遷移的過程，民眾的參與及對油管的了解，以中油所出版的廠史文獻中記載來看，似乎當時並不在公司與工程人員的考慮之內。

　　再例如，高雄煉油廠這樣大型的化學工廠，在戰後積極建立自煉技術的同時，所排放的物質，時常會落到隔鄰的尋常百姓家。以58年試爐的硫酸工廠為例，因為運轉未順，強刺激性的三氧化硫會飄到廠外，屢屢造成農損與居民的抗議。這樣的安全疑慮，對工程

師來說，只考慮到「對外的公共關係要鬧僵了」，「每年都要跟附近的農民和老百姓打幾回交道」；而工廠的酸霧隨風籠罩後勁，也只能是「開爐的必然現象」了。[6]

臺灣的化工學科起於日據時代臺北帝國大學工學部應用化學科，成立於1941年，臺灣化學工程學會則於民國42年即創立。在民國60年間，化工業迅速成為當年的「高科技業」，能到化工業任職的，都為一時菁英之選，中油國營企業的工作保障更是羨煞許多人。石化專業知識與實務技能在這個時期大幅發展，民營廠商紛紛設立，十大建設的「大石化廠」招牌更標示著北高雄成為石化重鎮。即使高雄廠於民國59年即成立「環境衛生小組」，民國66年成立「汙染防止工程專案小組」，建立石化廠內自主要求環境維護的實質單位，但直到民國76年，中油煉油總廠將要興建五輕之際，廠內各種專家小組對於工廠內的「環境衛生」實踐，並沒有解決圍牆外居民所感受到的環境問題，後勁居民仍是受不了煉油廠的日夜汙染，意識到（石化）專家或（汙染）專業知識是如此的遙遠疏離，因而只能起而反抗以科學專業之姿，凌駕於公民感受之上的石化產業霸權─這就是「後勁反五輕運動」。

二、反五輕之後

在臺灣三十多年的環境保護抗爭運動歷史中，70年代後期針對中國石油公司在後勁興建第五輕油裂解廠的後勁反五輕抗爭運動，占有獨特的重要地位。徐世榮（1995）認為在此反五輕抗爭運動的歷程中，「新科技」、「專家」被國家機器引用為避免環境汙染，甚至解決經濟發展所必然代價的環境汙染的利器。而何明修

（2006）在「綠色民主：臺灣環境運動的研究」一書中，以一章的篇幅討論後勁反五輕的環境運動作為社區復興的方式。文中以社會學的角度，提出「後勁社區的民間宗教是鞏固社區認同的重要因素，後勁廟產管理委員會更一直在社區中扮演討論社區議題的公共場域。因此，無關反五輕抗爭運動的結果，這已是後勁「社區認同復甦的特別時刻」。

　　在民國78年後勁社區公投表達反對五輕興建的意願之後，雖然無法阻止政府興建五輕，但是政府給予25年後於民國104年關廠的承諾，及提撥15億的回饋基金。這筆基金以利息的方式，供應後勁地區居民使用，後勁社會福利基金會因而誕生，負責管理此經費。後勁社區在抗爭暫時落幕之後，並未以個人瓜分鉅額回饋金，而新成立的後勁社會福利基金會也成為社區內的另一個重要組織。這呼應了何明修所描述的，五輕抗爭成為後勁社會復興的過程。透過抗爭運動而形成的社區力量，在五輕動工興建之後，希望繼續監督中油改善汙染的承諾，但動工後所組成的監督會議中，里長們的參與也未被居民認同，因為專業的隔離，使得監督會議成為假科技理性之名的障眼法（徐世榮，1995）。

　　隨著五輕的開始運轉，石化產業逐漸發出希望在25年之後繼續運轉的消息，後勁地區意見領袖開始擔心政府25年遷廠的承諾是否跳票。鑒於抗爭的經驗，後勁居民認為科學數據與經濟發展信條是政府化解民眾對於產業相關環境傷害質疑的利器。傳統認為的科學中立立場，使得科學家或科技所產生的數據容易被政治體制賦予專家的地位，而嘗試排除其他如社區民眾或公民團體之在地經驗論述（徐世榮，1995）。於是，後勁地區意見領袖希望擁有自己可以掌握及論述的科技數據，以與他們所不信任的國家機器協商對話。

民國88年後勁社會福利基金會與地區市議員黃石龍委託當時高雄海洋技術學院海洋環境工程系沈建全及林啓燦兩位學者，以後勁社會福利基金會經費，進行後勁地區土壤地下水汙染狀況調查，共分三期。兩位學者雖受報章所報導之後勁環保流氓印象影響，初時對是否參與有所保留，但在獲得委託單位承諾，尊重檢測團隊生產數據的科學中立性，以數據為基礎了解真實汙染狀況後，兩位學者接受了委託。

中油高雄煉油總廠四十年的運作，傷害的不只是場內外土地，還有產業、公部門與公民之間溝通的可能性，為了要證明煉油廠所造成的汙染，後勁社區必須走上掌握公民科學力的道路。後勁社區以油廠的補償金所生的利息，聘請學院的專業人員檢驗樣品，許多時候更和環保局進行平行採樣，以防止檢品被不當處置或調包。握有科學汙染數據的市議員黃石龍，於議會質詢中，強烈要求高雄市環保局以公權力進入中油高雄廠區進行地下水井、土壤監測，果然發現中油廠區中有嚴重汙染的事實。同時發現後勁社區及中油廠外鄰近土地，地下水已受石化產業相關物質汙染，空氣中亦含有相關的汙染物質（沈建全，2010）。民國93年中油高雄煉油總廠發生P37號油槽嚴重漏油事件，黃石龍鍥而不捨追蹤質詢，高雄市環保局不得不派員持續採樣調查，在民國94年之後，陸續促使中油高雄煉油總廠內外數筆土地被宣告為汙染控制或汙染整治場址。

透過這些操作科學數據與檢驗報告的解讀，後勁社區終於得以提升自己在相關環保場域的論述權力。廠內的專業知識，一方面並沒有協助，或挹注公民科學的發展，再者也未將公民從環保議題所發出的吶喊，回饋於對專業知識發展方向的檢討。所以，不令人意外的，在臺灣化學工程學會出版的臺灣化工史叢書中（2012），仍

將環保議題視為化工產業發展的最大阻礙。

三、公民科學的自學之路

　　根據黃石龍自述，為保持對汙染數據的掌握，當時在環保局採樣時，他即於一旁同時採樣，並送至高雄海洋技術學院（今高雄海洋科技大學）環境檢驗中心實驗室分析。如此，當官方委託的檢測單位與環境檢驗中心的樣品分析結果有出入時，黃石龍即可掌握而加以追蹤分析執行中的細節，以反擊公部門的分析結果。地方意見領袖因為委託了科學團隊進行科學數據的生產，他們自己也學習了相關科技及其中的關鍵，與長期身處重汙染地區的生活知識加以結合。例如，若在採樣地下水時，採樣井刻意打得較深，因為石化產業之揮發性物質，因密度小且不溶於水而浮在地下水體表面的特性，使得採樣過程因避開受汙染表層水而呈現無汙染，就是人為操作的結果。後來，黃石龍甚至自行在家中頂樓裝設一部傅立葉轉換紅外線光譜儀（FTIR），進行汙染氣體之監測，該系統可連續自動偵測及記錄空氣中的汙染物質，包含石化產業所排放的特定汙染物質，即所謂的環境汙染指紋。後勁社區於民國97-99年間，又再度面臨中油爆炸工安事件與政府承諾遷廠跳票的威脅，其中的過程不在此敘述；但後勁社區公民力量持續主導要求政府遵守25年關廠承諾，已成為產業與政府部門必須正面回應的聲音。

　　後勁社區民眾在長年與公部門對於汙染狀況的爭論中，發現缺少科學數據的劣勢，轉而自行委託學術機構進行汙染相關調查及檢驗的行動，透過投資與學習，成為科學數據的論述者、生產者。這樣的轉化明顯地增強了他們在汙染議題上的論述力量，集合其他資

源，終於在歷時超過二十五年的環境抗爭後期，成為討論爭議的有力參與者。

四、公民、專家、產業聯手多贏

　　類似後勁的自主公民科學建構，臺灣各地也曾有許多有成效的「社區環境監測網」計畫，透過社區居民有組織的收集在地汙染證據和產商力爭，達成改善環境的案例。如民國90年新竹市科園里居民對新竹科學園區的汙染事件的捍衛，民國95年楊梅陽光山林社區的惡臭促使廣輝光電加速改善相關製程、花費更多的成本改用低汙染性物料以有效解決臭味問題。透過清華大學化學系與綠臺灣綠色公民行動聯盟的規劃、執行，這些行動創造了新的反汙染公民行動模式。但是產業大多仍處於被動，或是被對抗的角色。究竟如何才能將產業納編成為積極的參與者呢？

　　位於桃園龍潭三和村範圍內的渴望社區，就有一個產業與各方相關者共同合作減汙的案例。位於桃園宏碁渴望園區的，以西式洋房為主的渴望社區，在友達、華映兩家公司陸續設廠後，空氣品質變差，時有難聞異味。社區民眾試著向民代反應，到工廠拉布條抗議，仍未得到兩家公司的正面回應。後來渴望社區委託具化學專業的社區代表，嘗試與友達、華映進行直接溝通，商討處理對策。受到曾在三和村施行的「社區環境監測網」計畫的啟發，社區與兩家工廠三方同意在排除民意代表、環保NGO介入，並對監測數據保密的條件下，委託檢測專家進行週界背景值調查與異味事件的採樣檢驗，以釐清異味的責任歸屬。他們建立一個異味事件通報機制，社區民眾發現空氣異味時，即刻通報兩家公司、受委託檢驗團隊與

地方環保局，平行採樣進行檢驗。透過固定的例會，由異味事件記錄、樣品分析結果、工廠運作狀況、居民經驗為本，共同檢視討論。四方透過一年的運作，確定華映使用的一種化學物質是主要異味來源，華映後來主動投資鉅額更改了製程，將該化學物由製程中排除。這看起來是一件公民、專家與產業合作，以科學為基礎，透過良性互動協力降低汙染的有效成果。但兩家公司後續並不願意宣揚這個結果相當正向的公民合作，擔心過去的監測數據成為被環保團體、環保機關討論究責的目標。

透過這個合作行動，渴望社區居民表示理解改變環境現狀需要時間，理性與工廠接觸是正向的；同時居民對工廠運作與排放物質的科學知識增加，若工廠有異常排放則會通知廠商注意工廠運作。工廠廠務部門則認同居民的感官測定才是最高標準，並正面重視居民的問題反應，積極處理並回饋到廠務的管理。廠務工程師也拆解了工程訓練中對於「設備正常運作」的想像，了解機器正常運作的儀表數值，並不表示工廠排放或是廠外環境達到零缺點的象徵。參與合作計畫的對於異味物質的追蹤調查，使工廠建立更完整的排放監測、問題處理機制，也有利於廠務爭取設備更新的經費。兩家廠商自述透過這個合作過程，體會到居民期望的是異味問題的改善，破除對於居民只是想要求賠償金的刻板印象，並正向回饋於企業追求榮譽感、優越感及國際訂單的需求。同時，兩家廠商同業之間有「命運共同體」的認知，使他們分享產業新知，一方面依照國際間對電子製造業的環保標準要求，一方面提升在同業中的環保地位。

在另一方面，華映、友達仍然面對霄裡溪排放水爭議及漂綠措施的公民團體質疑；但是兩廠與渴望社區減汙的合作，提供我們了解產業參與公民科學行動的動機與收穫。大型產業似乎需要相當

程度的「安全感」為前提，例如刻意排除民意代表，及可能以現有管制系統加以究責的環保團體及地方環保局。而直接與有化學專業知識的居民代表對話，且委託可以生產有效科學數據的專家，也指陳產業與公民的合作，必須建立在他們原有知識系統容易理解與溝通的專業科學的基礎上。兩廠滿足了具有文化與經濟資本的渴望社區小社區減汙需求，但是對於霄裡溪流域、或是更廣大的公民大社區，尚須更積極開放的態度及行動。

華映、友達與渴望社區的「公民—專家—產業」聯手的減汙案例，彼此建立信任，使用科學的基礎建立環境背景值，規劃容易使用的異味事件通報，適當的採樣機制，以明確的紀錄、周全的規劃、共同商議的機制避免科學暴力，透過理性的聆聽與長時間磨合的溝通，拉長參與者對時間的容許度，聯手減汙創立多贏。為何兩廠超越常見的省下設備錢，忽視公民究責的要求，認為低成本可以獲利的保守粗淺觀念？這個案例可以做為長期與公民互動不佳的石化產業參考，建立與公民溝通共事的模式嗎？但是，石化產業的傳統基礎產業，是否無法如半導體製造業般，對國際市場的脈動與企業社會責任趨勢變化敏感且受消費者壓力而願意改變？或是石化業的管理系統過於保守階級化，不如半導體的工作團隊較為年輕化，產業文化習慣瞬息萬變隨時調整？氣爆之後臺灣的石化產業必須做全面性的檢視、評與轉型，我們必須創造公民社會在這過程中積極參與的位置與機制，建立一個新的公民參與視科學運作的典範。

五、信任與公民科學機制的建立

如上述的華映、友達多方共事的方式，是否有制度化的例子？

美國在1995-2002年間，柯林頓政府推行過一個XL（eXcellence in Leadership）計畫，嘗試解決日新月異的科技產業環境問題。現代科技發展至今，產業中所使用、正在研究開發的物質，加上各式製程及化學物質在不可預期的狀況下的各種化學及物理反應，往往使得相對應的環境管制科學處於後設之地，環保機關疲於奔命，公民必須每案獨立參與抗爭，耗費社會資源甚鉅。XL計畫鼓勵廠商、中央與地方政府、與公民、專家從一開始就合作共事，希望建立一個創新的、有效能的、優質的環境與公眾建康管制系統。XL計畫邀請產業提出納含利益相關者的公民參與計畫，在提供經濟誘因的條件下，由各方商討同意，建立有彈性的、透明的環境管理監測、通報與評估機制。這個機制必須要兼顧環境風險的公平分配，在工廠、社區組織、政府單位等多方合作下，符合長期的社區環境目標。

　　這個計畫補助了美國各地50個計畫試行，有的成功，有的失敗。但這仍提供了產業與公民、社區攜手面對工業運作，或是如高雄現在的後工業時代，產業轉型環境問題的新思維。

六、產業物質科學的普及責任

　　上面提到的各式公民科學案例，如後勁居民對於高雄廠的排放物質，培養了身體的感知與記憶，再加上科學家的公民服務，以專業知識建立了解在地汙染物質的公民科學力；或如渴望園區由產業出資專家協助，重視感官測定並建立解讀機制；都增強了居民面對工業物質的解讀及參與爭議的論述能力。反觀在高雄氣爆事件受害的居民，對生活環境中石化管線的確實位置，及其載運的氣體一無

所知狀況下，在面對突如其來的意外狀況，當然完全無法主動採行任何避險措施，使得這起憾事的傷害超乎想像的嚴重。

對於油管與公民生活空間的交錯，美國則將公民的知情權與對相關物質的科學教育責任，明定由管線使用公司負責。例如，2007年在密西西比州，一個輸送液態丙烷的管線在鄉下地區破裂並爆炸的案例，美國國家運輸安全委員會認定的責任除了管路焊線的失效之外，其他歸因於該公司的公共教育不適切，政府對使用管線的公司的公眾教育及推廣要求不力，及當地政府的緊急事件溝通能力不足。後來的處置，則要求管線使用公司必須確認所有居民收到相關的科學資訊，及緊急應變人員（911）知道如何在該公司管線發生問題時採取正確措施。

在現在網路管道通暢度高的臺灣社會，如果公民對產業使用物質的知情權得到尊重，將這些與工業相關的資訊開放供公民檢索，廣大的知識公民可以自主創造一個沒有正式編制的災防系統，做為民眾在政府失能下的最後防線。在過去，專業知識的公民化以「科普」為代表，較為強調將艱深的科學現象變成有趣、近人。但是在高雄這種工業城市，公民需要的是與產業運作直接相關的科學知識，如管線化學品氣味、危險性，及管路破裂相關的物理現象，或是對於化工廠／石化廠的正常／不正常運作流程的認識，具高度指定性特殊性。而一般產業公司若要達到有效能的，與非該專業的公民的科學溝通，則必須在原專業知識系統內發展出一種不同於該專業原有的論述方式，這就會促成專業知識的質變，提升公民科學力削弱知識霸權。

七、氣爆災後必須建立公民科學

綜上所述，高雄氣爆災後，相關單位應該立即組織各相關單位與石化公司，如同XL計畫的初衷一樣，將公民、專家、社區團體及政府單位組編成團隊，以開放的過程，納入大規模的討論溝通，共同提出提供給公民社會全體的公眾科學資料。

一方面臺灣社會必須重新檢視國家的全體產業政策及石化產業所占之比重，一方面在石化業與社區目前共存的現狀下，公民必須參與緊急重建期、轉型期、與最終期的產業設施（如管線、工廠等）與災防系統的設置。在這個過程中，一方面封閉的石化、環境工程、公衛等專業知識會因應各方討論而必須發展出適合於不同背景公民之說明方式，一方面這樣的跨領域互動將可回饋於產業調整石化專業知識與價值，而促成工程知識與石化技術發展的方向的再思考。

長遠來看，臺灣學院內的工程教育、技術教育、產業經濟教育等各種專業教育，必須是以培養一個有社會責任意識的工業人為目的。有真正社會責任的產業所堅持的就會是「不會造成居民的空汙困擾」的才是好設備，並創造「符合在地社區多元社會需求」的好產業。我們希望，高雄氣爆的慘痛教訓有新的積極歷史定位；我們期待，高雄氣爆成為新的專業起點，讓臺灣引以為傲的產業專業知識，灌注公民科學，建立一個互相流通的永續工程新典範。

參考文獻

何明修（2006），第三章，環境運動作為社區復興：重訪後勁反五輕運動，綠色民主：
　　臺灣環境運動的研究，群學出版社，台北。

徐世榮（1995），試論科技在地方環保抗爭運動中所扮演的角色—以後勁反五輕為例，
　　臺灣社會研究季刊，第十八期，1995年2月。

沈建全、林啓燦、黃石龍、李玉坤、鄭懷仁（2010），環境科學與社會運動之完美結
　　合—以後勁社區反五輕汙染，中油承諾25年遷廠為例，第二屆臺灣科技與社會研究
　　學會研討會，2010年5月15-16日，高雄。

臺灣化工史，翁鴻山主編，2012，臺灣化學工程學會出版。

註　釋

〔1〕　「台灣煉油事業之規劃」，中國石油志，後收錄於高雄煉油總廠廠史文粹第一集，
　　　廠史編輯委員會，68年6月。245頁。

〔2〕　姚恒修，「工程回憶－自嘉裕關至台灣」，中國石油志。

〔3〕　一輕，臺灣第一座輕油裂解廠，於民國57年於高雄煉油廠區開始運作；二輕於民國
　　　64年開始運作。

〔4〕　民國52年政府決定在南北各設一石化中心，北部為頭份鎮，南部為高雄煉油總廠。

〔5〕　謝榮輝，「列名今日十大建設高廠林園廠建廠經緯」，石油通訊314期。

〔6〕　「硫酸工廠」，石油通訊100期。

第十一章

石化原料管線不該進市區

詹長權

　　高雄市在2014年7月31日至8月1日間所發生的火災爆炸事件，造成了近30人死亡、近300人受傷、近500戶房屋受損的慘劇，這是**我國石化工業史上最嚴重的一次工業安全事故**。從事後高雄市政府所披露事故發生前石化業廠商管線操作條件、分布狀況，事故發生前後災害現場及周邊環境採樣數據，爆炸點分布和威力強度來推測，這次事故可能是因為具有極高可燃性特性的化學物所引起的火災和爆炸。事故發生的情境很可能是一種或多種液態有害物從輸送管洩漏後的蒸氣隨著管道間帶往他處的過程中，讓有害物的濃度在某些微環境中達到化學物的爆炸的上下限濃度範圍，並且在熱源或火源的引燃引爆下的一連串化學連鎖反應所發生的火災和爆炸。

　　只有在這麼慘烈的事故之後我們才驚覺，原來高雄人家門前的馬路下面有那麼多條高危險性的化學原料管線穿過，縱橫交錯的管線進入市區的結果讓高雄市各個行政區像是石化工業區內一個個的廠區。居民平常在家的化學汙染暴露就像現場工人在工廠一樣，居民同時也承擔與現場工人一般的工業等級的風險，多年來高雄人真正生活在客廳即工廠的環境之中，這個現象在世界上進步國家的城市裡實在少見。

　　就目前討論最多的**丙烯**作為高雄市所面臨的有害物的一個例子來討論，大家就可以知道問題的嚴重和複雜。丙烯是最重要的石化原料之一，但同時也是最危險的石油化學物質的一種。急性暴露丙烯蒸氣有強的鼻、喉、呼吸道的刺激作用，高濃度暴露則有窒息、抑制中樞神經的作用，暴露後會顯現出來眼花、頭痛、頭昏、噁心、呼吸困難、昏迷的症狀、甚至死亡的後果。工人必須穿戴呼吸防護具來避免吸入危害、戴護目鏡、臉罩、安全鞋來避免接觸危害，丙烯暴露的健康風險也才能降低。當居民就是工人時，這些工

業安全裝置也成爲個人在公共安全上的生活必備品？問題是人民有被充分告知這樣的處境嗎？預防化學災害的各項準備都做了嗎？

　　高揮發性讓丙烯蒸氣很容易和空氣混合達到2-11%的爆炸範圍，比空氣重的特性讓丙烯蒸氣可以在接近地面的地方累積、很容易沿著地面竄流到很遠的地方，增加接觸火源導致閃火爆炸的機會。液態的丙烯從管線洩漏出來後會因爲蒸氣化將空氣中的水氣冷凝而產生肉眼可見的白霧，通常這時候代表當時當地丙烯蒸氣已累積到不低的濃度，而且其他地方同時也有眼睛看不到但是濃度也可能不低的丙烯蒸氣。一旦因熱源或火源接觸到丙烯蒸氣就可能引起火災且常常伴隨爆炸，同時也可能更進一步讓火災蔓延到他處，這個特性會讓洩漏點不一定是唯一的爆炸點。

　　丙烯火災爆炸事故後的緊急應變措施的最優先考量點是保護救災人員、員工、社區居民的安全和健康，而應變的首要之務就是將可能發生火災周邊一公里左右的地方封鎖爲隔離區，並且儘快撤離清空區內人員。參加救災的緊急應變人員要有好的防災訓練和足夠的防護設備，滅火前應先切斷丙烯來源，如無法立即切斷來源就要讓丙烯燃燒掉或擴散稀釋掉，滅火控火時可使用二氧化碳、乾粉、或水霧等方式，但是切勿使用水柱滅火。爲防範爆炸對消防人員的危害儘可能在距離火災源較遠的地方滅火，甚至使用無人操作的自動滅火器材更理想。當社區就是廠區時，這些在工廠使用的緊急應變作爲和裝備，卻也成爲社區逃難求生的方法和必需品？問題是這些物資在哪裡？

　　國際上沒有人會像我們這樣讓石化原料管縱橫市區，讓風險硬生生地套在一般居民身上。爲了避免上面提到的防災上會碰到的種種麻煩的事，各國政府除了立法規定運送石化原料管線材質的安

全規格、施工維護檢修的標準程序之外，大多也根據風險大小訂定鄰近管線的土地利用規範，來確保居民受到有害物輸運管意外影響的機率和嚴重度可以降到最小。例如依據有害物質火災爆炸的嚴重程度訂定這些管路和周邊建物之間的緩衝區，像丙烯這類高有害物質，在不同地區從管線中心點到周界的緩衝距離，可以從幾十到幾百公尺不等。緩衝區內不能有建物，而緊鄰緩衝區的地區建築物在高度、建材和用途都有規範。

把這種最小安全距離的標準運用到高雄市，現有的石化燃料管線幾乎沒有一條可以和周邊的住家、學校、醫院、安養院、商場安全共存。高雄市究竟是要都市化還是工業化？現況不改變兩者之間只能選擇其中一個。如果要共存則只能搬動其中一個來實現，不是將現有管線集中到不必經過市區的工業專區，就是將現有社區騰空出來讓路給石化燃料管線通過。捨此治本方法不作為卻只想用加強檢查的治標方法來遷就危機四伏的現況，最終都將只是一場徒勞無功、降險有限的無效作法，更是對這次慘絕人寰的工安事故的一個虛應故事的回應罷了。剛剛經歷工安巨變的高雄人要選擇哪一條路？且讓我們拭目以待。

第十二章

用愛思考高雄大爆炸:全災難災害防救的必要性

翁裕豐

摘要

　　此次高雄氣爆事件顯示，包含IOS14001、OHSAMS18001、以及臺灣職業安全衛生管理系統TOHSMS等標榜自主管理的環境、職業安全衛生管理驗證系統的崩壞，顯現自主管理在臺灣存在著系統性失靈的風險；但是災後管線管理以及石化業的去留，國家雖同意有介入的必要，卻以石化原料不屬能源、沒有專業人員可以進行檢查，也沒有適用地方進行管理的法治，所以仍以自主管理做為因應的方式，並以地方政府的道路挖掘管理法令作為往後監督管理的依據。

　　但睽諸此次事件中公部門與中油所提出的歷史資料，包含最近經濟部指稱地方政府可以採用道路管理條例對石化管線進行管理的說法、條文以及業界的專業認知與慣習等可以發現，早有法令可管，也與經濟部的油料管線說法一致。因此，整個事件仍應屬經濟部所轄的災害防救範圍，國家必須以其公權力進行積極監督。基於公眾的環境、健康、安全，經濟部應該以事業單位主管機關的角色，運用國家災防體系，結合石油管理法、道路管理條例等監督規定，與其他災防相關部門形成外部力量，以嚴格監督現存油料管線的維護與操作，補過去管線無法管的漏洞。

本文

　　2014年8月7日晚上八點多，再一天莫拉克風災就要滿六年，而這一天卻是另一場災難「七三一」爆炸的頭七。兩個災難類型雖不

同，但都發生在高雄，且兩個災難的規模都是臺灣不曾遭遇過的。事發之後五日（八月五日），媒體指出當時的經濟部政務次長公開認爲「丙烯已是輕油裂解階段，屬石油化學材料業，非《石油管理法》規範的石油煉製業」，所以「誰核准就誰管轄」（自由時報，2014a，8月5日）。前台大生物產業機電工程系退休教授謝志誠認爲經濟部有「石油管理法」，但經濟部次長杜紫軍說該法未歸範丙烯，所以「丙烯無法可管，加強業者『自主管理』」（自由時報，2014b，8月5日）做爲第一時間的回應。同一日，行政院發言人孫立群拿出法條說，高雄市有法可管這些石化管，該爲氣爆負責，他的依據是高雄市訂有《高雄市道路挖掘管理自治條例》（聯合晚報，2014，8月5日）。我們要如何看這些說法，以降低未來石化災難呢？我們以下將從災害防救的觀點，一一檢視與此有關的資料，畫出最接近事發狀況的災防圖。

一、造成災害的管線關係位置圖與未來的風險

　　科技應用的已知或未知風險要如何面對，組織系統如何因應這些風險，已是全球性的問題，國際風險治理學會倡議預警示風險治理架構，採用包含利害關係人參與在內的溝通做爲治理核心，從天然災害、人爲災難、到恐怖攻擊都是這種治理概念涵蓋的對象（IRGC, 2006: 49-57）。這種治理架構，關心的是社會所面對的全球性風險，特別是對人類的環境、健康、與安全（**Environment, Health, and Safety, EHS-愛思**）具有潛在危害的議題，以培養公眾對風險治理的信心（IRGC, 2006: 5）。高雄工業爆炸事件也具有這種愛思的特質，不應例外。

　　731這次高雄大爆炸（見圖一），禍首資料大致上指向李長榮化工（C點）跟華運（D點）兩家公司。前者是丙烯的消費者：購買丙烯從事石化商品製造；後者是丙烯的銷售者或是輸送者，賣丙烯或是以其設備將丙烯送至消費者的廠區。在高雄，負責把丙烯原料賣給李長榮的，還有中油高雄廠（A點，也就是一般社會大眾認識的「五輕廠」）。這個廠每年生產28萬噸的丙烯，分別供給位於仁武大社石化工業區的李長榮跟中石化兩家石化業公司（中油，年代不詳）。另外，中油在林園蓋的新三輕（B點，根據范振誠的〈2012年第四季及全年時化產業回顧與展望〉一文，顯屬高質化石化產業鏈的一部分），也將要加入生產丙烯的行列，新增45萬噸的年產量，預計用以穩定包含「李長榮（生產聚丙烯）、中石化（生產丙烯月青）、信昌（生產丙酮）等公司」對丙烯的需求（范振誠，2013）。這個丙烯的石化上下游產業鏈，在地理位置上已經從南北兩個方向把高雄最繁華的地區包夾其中，其生產關係位置如圖一。（詳見作者製作的沽狗地圖https://mapsengine.google.com/map/edit?hl=zh-TW&authuser=0&mid=zCz4zKLqLwjY.k3jsXq7xnqIE）。

　　這樣的關係圖當中，上游如中油（A點）、華運（D點）等公司，將石化原料透過地下管線銷售給中游石化產品的製造商如李長榮（C點）、中石化，這些公司再製造出高性能塑膠材料等，供給至國內、外下游製造商，生產各種用途的塑化產品。爆炸事件之後，這種生產─消費關係若繼續存在，意味著生產與使用丙烯之類的石化原料廠，短期內無法遷廠。那麼對繼續在高雄市製造生產、買賣、運送丙烯等石化原料這件事，要採取什麼角度，才有辦法面對未來的災難風險治理呢？根據事故發生後，社會大眾及媒體輿論追究管線責任的過程可以發現，公民實質參與，結合媒體揭露風險

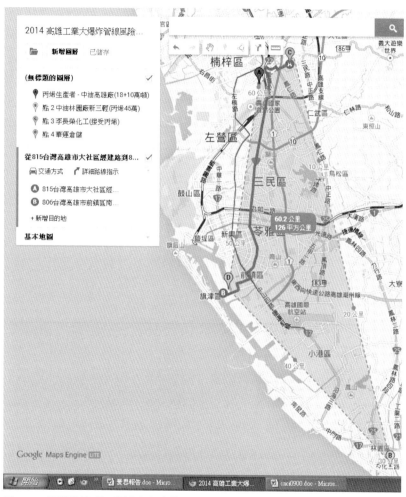

圖12-1　丙烯生產者、運送者與消費者的關係地圖（翁裕峰以佑狗地圖系統繪製）

位置與問題性，顯然給了我們一些答案：公眾參與式溝通是個需要
被積極考慮的方向。爆炸事件發生之後，第一個被問的問題是誰的
管線？其次誰管的線？第三個是為何管理油料管線的主管機關無法

知道或發現管線用途已經變更用途或是埋設位置不合法？

有必要理解上述的問題是因為根據經濟部推動高質化辦公室的公開政策，高質化石化的主要目標之一就是生產丙烯，經濟部與中油將原本的三輕汰舊，換成年產約四十五萬噸丙烯的新三輕生產設備，這個產能比年產丙烯量三十五萬噸，即將結束營業的五輕多了十萬噸。這種生產地與生產量數據的變化有兩個意義，第一：五輕早就在生產丙烯，照說就是非高質化之前的產品，那麼新三輕現在也生產丙烯，有何高質化的意義？第二：新三輕是高質化辦公室政策之一，就要開始生產丙烯了，而量產量比五輕多，所以不只是補五輕消失後的量，而且還多了七分之二，這是否只將危害從北高雄移至南高雄而已。在既定事實還無法改變之下，確有必要從災難應變的角度來看未來的風險治理問題。

二、自主管理崩潰

這次氣爆主因是由華運輸送至李長榮化工的丙烯管線洩漏，大量氣體漫延至包覆該管線的地下排水道（也就是所謂的涵洞），但救災人員以及現場民眾都不知到洩漏出來的究竟是什麼氣氣，由於當時在地下箱涵中的丙烯濃度已達閃燃（爆炸）點，因不知道謝露出來的氣體是丙烯，導致未能及時疏散、排除可能的火源，而發生爆炸（王瓊蘭，2014：1-3）。

從災難預防的角度來看本案，若要防患未然，最重要的是依照《災害防救法》，政府防災機關與事業單位進行法定必要的準備、整備、應變等預防工作。經濟部依該法制訂《公用氣體與油料管線災害防救業務計畫》，作為其本身與地方政府、業者、民眾等

災害防救的核心指引。據此，防災單位的工作至少要做到要審理設廠與佈管時必須選擇適當廠址及路徑、備有防災設計、檢點及機能維護、督導指定管線、圖資系統、設施與設備之緊急復原之整備、二次災害之防止之整備、充實預警系統及防救能力、相關防救機關之密切聯繫與模擬演練、對居民、團體公司等進行防災教育訓練、避難引導、建置防災資訊平台供民眾查詢等、設立縱向與橫向之通報機制、防範施工挖損管線；事業單位的防災工作包括管線安全管理、指定專人巡管、建立地理資訊、圖資系統、汰舊換新計畫、高壓氣體及相關設施安全檢查等。這些工作都源自油料本身的災難風險具有隨著生產設備與管線而延伸的特性，因此，毫無疑問地，油料管線確實是重要的監管對象（經濟部，2013：9-24）。要從緊急應變的救災角度來談降低災難的衝擊程度，管線維護監管應是平日最重要的工作之一，以便就算維護仍無法阻止管線鏽蝕或逸漏等事故之時，仍有助於災防人員與相關業者相互協同，在緊急應變的第一時間，迅速辨識出逸漏出來的氣體究竟是何物？後續需要採取什麼預防或降低災害擴大的措失等緊急應變行動，降低災害破壞的規模。災害防救法提供的就是這樣的風險治理應變體系。

　　很不幸的是，此次丙烯外洩事件的緊急應變，前後進行了三個多小時，結果以慘敗收場，主因是在爆炸前幾分鐘才真正測得外洩氣體是丙烯，在此之前，只知道不是有毒（立即性危害的）化學物質，（聯合報，2014，8月1日）。不少人可能都有個疑問，為什麼要三個多小時以上才知道那一家公司的管線出問題？根據官方邀集產官學於事後討論得到的結論之一是：丙烯不是油料管線，無法可管，由業者自主管理。

　　這樣的結論真的能在未來解決問題嗎？我們的看法是否定的，

這將使未來丙烯之類的油料管線，即使知道管現類型，卻沒有掌握相對應災防體系資源的中央部會進行平時的整備、準備與災害期的應變指揮。從已知的資料顯示，最初這些埋設、通過高雄市人口密集地區的管線是由中油以油料管線名義申請、施作，但是中油在管線成本分配一開始就另有分攤表，其中包含李長榮出事的這一條管線（新頭殼，2104，8月6日），並於事發後，公開宣稱當年法令並未要求申請埋設油管時要包含每條管線輸送的明細，所以爲其下游廠商之委託埋石化管不違法（臺灣中油，2014；另見本書洪文玲，2014：xx）。這些管線當初由前高雄市長吳敦義先生核准時是油料管線，不是不能通過都市計劃區的石化管線（丙烯是否爲油料管線的爭議將於下一節談）。既然如此，中油把鋪設的油料管線以成本價私下移轉給李長榮的前身福聚[1]（新頭殼，2104，8月6日），沒有將管線性質通報給當初核准該公司鋪設此管線的高雄市政府（臺灣中油，2014），當然與第一時間官方緊急應變人員無法得知是何種氣體洩漏，以及降低爆炸的可能性有相當的直接關係，因爲平時的降災準備與整備就沒有掌握危害資料了。中油通過三種代表企業社會責任的管理系統認證：ISO 14001（環境管理系統驗證）、OHSAS 18001（職業安全衛生管理系統驗證）、以及TOSHMS（臺灣職業安全衛生管理系統驗證）。這三個系統都強調，強調高層主管要致力於管理系統的政策實踐與稽核，其中包括至少依照當地法令標準落實管理、與利害關係人的溝通等事項。利害關係人不只是上中下游的廠商而已，還包含官方、社區居民、以及非營利組織等（翁裕峰、尤素芬，2010；SGS, 2008；ILO, 2003；DNV，2007：14，16-19，21，24；勞委會，2007）。

當然，中油早在1987年，也就是世界上倡議這類自主管理系

統之前，即已鋪設完成出包的管線（三立，2014，8月6日），全球大力實施自主管理之後，李長榮在2006年併購福聚，管線所有權與管理權移至其手上（李長榮化工，2013），李長榮如何管理管線、管線是做何用途，似與中油公司完全無關。但是從該公司為畫清事故責任界限，在事故第四天，拿出陳年的管線成本分攤表來看（華夏經緯網，2014，8月7日），這至少顯示管線是重要的管理資料，而中油本身主管也必然熟知這些管線與安全健康的關係重大，與企業責任有高度相關，否則無須在爆炸後第一時間把分攤表拿出來，並公開說不是他們的管線出問題。這樣的回應看來似乎也滿足前述各種自主管理系統驗證的要求：以環境、健康、安全為念的愛思價值。但是中油當年忽視都市計畫法顧及住宅區安全的使用區規定，於市區鋪設了此次爆炸的管線，這是重要的災難因素之一；在拿到上述各種具有社會責認評價的管理系統驗證之後，並沒有同時說明自己過去已犯的錯與爆炸之間的關連性，只用來撇清出問題管線的所有權與管理權不在中油，而是李長榮。這種做法早已喪失自主管理的基本精神與價值。

　　相似的問題更明顯地出現在李長榮跟華運關於管線洩漏的操作過程。這兩家業者也都拿到ISO 14001等管理系統驗證的認證。但是在輸送丙烯的過程中，對於送出量與接收量嚴重不對盤的現象，僅是降壓後看是否繼續流失，沒有仔細核對輸送過程消失量可能造成的問題（新頭殼，2014，8月3日）。事故發生後仍堅稱自己的輸送或接收沒有異常（引用資料）。李長榮更宣稱管線有請中油檢查，沒有問題（東森新聞雲，2014，8月4日）。後經中油提出前述管線所有權與管理權證據（華夏經緯網，2014，8月7日），李長榮也因為拿不出有償或無償請中油檢查管線的證據（三立，2014，8

月6日；東森新聞雲，2014，8月4日），不得不承認本身管理上的疏失。

　　事實上，李長榮是丙烯的消費者，他向中油與華運購買或代爲輸送丙烯這個消費行爲，根據前述各種管理系統標準的規範，中油與華運就是李長榮的利害關係人；由於中油跟華運也有取得這些管理系統標準的認證，所以李長榮也就自然成爲這兩家廠商的利害關係人，利害關係人在這些管理標準的規範中，是要相互溝通的，所謂溝通必需要有愛思各項資料，以此次爆炸案來說，至少要有管線兩端與公共路段管線定期與不定期的維護資料，甚至事故調查與事後維護等記錄，以及日常、異常操作處置與應變等紀錄，這些是例行要做的降災準備與整備工作。便於利害關係人可以取得資料，就事論事。就這些管理標準規範來看（參見翁裕峰、尤素芬，2010），受影響的高雄民眾以及關心此事故的公民團體，也是利害關係人。可惜的是，三方在第一時間傾向拿出對自己有利的資料向社會大眾說明，而不是完整的輸送過程與日常管線之管理維護記錄之體系性呈現。也就是管線的操作管理維護資料並不是自動對利害關係人公開的，即使規範說利害關係人要求時就要公開，但只有中油在第一時間公開出問題的管線所有權資料，其他資訊不是立法委員，就是公眾、公民團體、或媒體不斷質疑與追問之後，這三家公司才陸續提出來。

三、國家管線管理責任與棄守

　　由於中央與地方政府都不認爲石化管線是自己的業務監督範圍，經濟部在爆炸案之後只好召集石化業者、學者一起開會，討論

未來管線管理的方式。最後的結論之一是由業者自主管理。這個方向的不合理性已在上一段說明過。接下來要看的是往後對於管線的監管方式。這個會議對未來管線監管問題，同時提出另一個馬上就有法可循的解決方法，就是由各地方政府依照道路管理條例所制定的道路開挖管理自治條例進行管線管理。聽起來好像是找到解藥了。但我們必須注意一個有趣又矛盾的地方，氣爆之初，中央政府與地方政府都以石油管理法等互推過去的監督責任，經濟部與行政院甚至搬出高雄市於1981年制定、1988年修正的《高雄市道路挖掘埋設管線管理辦法》辦法、2012年修改成法律的《高雄市道路挖掘管理自治條例》，認定是地方政府沒做好石化管線的管理（聯合報，2014，8月5日）。那麼，何以過去無法可管，卻能在氣爆數日之後，中央與地方都沒有修法與行政命令解釋的情況下，使中央制定的《共同管道法》、《市區道路條例》，以及分別依其前者第2條與後者第32條而衍生的相關地方法制可以開始管理石化管線？

如果仔細看一下這類條文確實出現有趣的現象，那就是管線真的在氣爆前無法管嗎？我們先看各縣市政府的到路挖掘管理法令，因為氣爆後，經濟部跟產、學代表開會討論認為，各縣市用這類法令即可管理石化管線，沒有提到修法或發佈行政解釋的必要。再細看這些法令的規定，具體被用來做為管理依據的主要條文內容項目，不論是臺北或高雄市，不是寫「管線」、就是寫「油料管線」。但是經濟部跟地方政府在氣爆剛開始前幾天，一直互推，甚至說石化管線不是油料管線，沒有法律可以管石化管線；卻又在產、官、學會議之後說，可以用地方的法令來管，而實質上地方要採用的法律內容卻又是「油料管線」。所以，到底油料包不包含丙烯這類的化學物質？

丙烯在國際上被視為是危險物質，因為它是易燃氣體（立法會，2012：B1890、B1910）且潛在低濃度爆炸的特性，以丙烯當作燃料的成本雖然較高（Dow, 2010），但它已經是一種工業界的氣體能源燃料，在美國的鋼鐵作業中被廣泛使用（Gas Innovations, 2008），它的熱值（heating value）也頗高，介於丙烷與丁烷之間（Engineering ToolBox, 無年代）。然而丙烯在臺灣，根據石油管理法，逐步被排除於燃料之列。該法第二條關於用詞的分類與定義，所謂石油分為「石油原油、瀝青礦原油及石油製品」三類。根據中油公司《石油教室》的說法，丙烯是石油產品中的「石油化學品」，是經過煉製，也就是裂解輕油而得到的產品（臺灣中油，無年代；黃進為，2007：3-4；莊煒志，2010：14），這都是石油產品，也是石油製品。但是石油管理法第二條把石油製品的定義寫成：「以能源為主要用途之製品，包括汽油、柴油、煤油、輕油、液化石油氣、航空燃油及燃料油」，丙烯等自然就被漏列了。這個石油產品類型定義限縮的條文，使經濟部找到把丙烯等石化相關管線的後續監督，完全被排除在油料管線管理職責之外的理由，並振振有詞地說無法以依據災害防救法規制定的《公用氣體與油料管線災害防救業務計畫》進行監督管理（經濟部能源局，2014），以及地方政府可採用道路挖掘相關的法令，在未來對石化管線進行管理的決策。

我們如果進一步審視可以發現，目前地方的道路挖掘相關法令根本就沒有關於石化管線管理的規定，如果要說有，就是「油料管線」。臺北市的規範是……；高雄市的規範是《高雄市道路挖掘管理自治條例》第39條規定（華夏經緯網，2014a，8月5日；華夏經緯網，2014b，8月5日）。也有人認為高雄市的《高雄市市區道路

管理條例》第11條與《高雄市道路挖掘管理自治條例》第4條就已經賦予市政府這種管理監督管線的職責，所以高雄市政府要為此次氣爆負責。即使我們認同這兩個地方自治法律可以成為監管石化管線的依據，本人也極樂意如此看待，那麼此次氣爆的責任就不是高雄市政府而已，而是包含中央政府的內政部或甚至經濟部都有直接的連帶責任。只是自氣爆迄今，中央政府一直刻意規避其職責，也將影響未來類似事件的預防工作。

四、回歸災害防救法制：石化管線不是油料管線的破洞與補救

何以採用道路管理條例與道路挖掘管理自治條例等地方法規，中央政府就必須為氣爆事件與未來的石化管線監督管理負責呢？除了前一節所說的，經濟部於立法時刻意將同樣是以輕油裂解出來的丙烯等遊品牌除於石油管理法之外。我們還有兩個理由，一個是根據經濟部指稱的地方法律回溯至管線母法以及災害防救法而看到的法律關係；另一個是根據業界公認，也是存在臺灣社會既存現實且不可分割的業務主管關係。

就第一個理由來看，關於「管線」術語及定義，如前所述，在比對中央主要法規與地方的條例之後可以清處看到，它們係來自前述的《共同管道法》與《市區道路條例》這兩個屬於內政部主管的母法。而這些法律或條例在中央立法時，不論主管的內政部官員或立法委員，都清楚表示且認知其目的是在管理市容或路面經常被事業單位挖掘、埋管等，造成修補經費負擔或是諸如斷水、斷電、火災等意外事故問題（見立法院，1998：423、427-428；立法院，

2003：3-6、11-16），即使有防災的目的，亦指針對家用瓦斯管線（立法院，1998：426-427），不是高雄所遇到的工業氣爆類公共安全管理。所以，若地方用以上道路與公共管道的相關法律，即使與現存的石化管線有關，也僅止於災前的埋設管理與災後的路面損害回復，至於未發生災害之前的降災準備與整備，並不是這個法律與條例本意。此問題若不即時以具有法律規範效力的方式加以確立，未來萬一再發生此類事件，以臺灣高級官僚曲解「依法行政」而規避行政責任的習慣（詳見下一節分析經濟部所屬園區有其專屬的管線管理辦法），有必要儘速聲請行政部門或大法官會議再解釋、或立法修正的需要，以便與災害防救法的原意更緊密相連，以確立管線災害防救之中央權責機關，並督促其立即著手進行降災之準備與整備工作。如此才符合法律原則，特別是人民的基本人權保障。

　　至於根據業界公認的理由方面，「管線」一詞不僅僅是道路埋管的問題，也是企業常久以來的專業慣習，而且被事業單位主管機關所承認的行為與法律事實。因此，目的事業單位主管機關應該就是災難主管機關。怎麼說呢？

　　理由很簡單，雖然經濟部一再宣稱不能用《石油管理法》進行石化管線監督，因為該法已經將油料管線定義為汽油、柴油、天然氣等，以正當化未明列的石化管線就不屬於他的管轄範疇，據此認為行經公共道路地下的石化管線之災害防救工作不是經濟部的業務範圍（經濟部能源局，2014）。但問題是，地方政府在道路管理方面的規定，寫的也是油料管線，一樣是油料管線，地方就要負責管理，何以中央變成沒有責任？就經濟部能源局依《石油管理法》的發言，意思是說經濟部過去不是，現在不是，未來也不是此類災

害防救的主管機關。經濟部工業局副局長呂正華援引該部所屬的工業區適用的《經濟部工業局所屬工業區服務中心受理申請挖掘道路埋設管線作業要點》說，工業區的管線因此由經濟部核准與負責管理，而區外的就要以道路管理條例，由地方政府負責管理（華夏經緯網，2014a）。但是油料管線埋設這件事，不只是需要地方政府核准，在此之前，也需要經濟部核准。道路管理條例跟公共管道法的立法目的以如前述，因此，經濟部核准埋設管線的管理目的，工業安全考量顯然是不可迴避的議題，與地方政府的管理目的有所不同。

　　但是業界對於石油產品以及油管的專業認知有個很清楚的專業事實：丙烯是石油產品，不是副產品；石化管就是油管，丙烯管線就是油料管線。以這次管線事件中參與撇清責任的臺灣中油來看，該公司2014年9月28日的**油品價目表明確顯示，丙烯是其銷售的「油品」之一**（臺灣中油，2014）；同時，臺灣中油將油管區分為黑油管與白油管兩大類，前者是輸送「原油‧燃料油或柏油等高黏度的油料」，後者輸送的是「汽油‧柴油‧航空燃油‧石化品‧液化石油氣等較輕質油料」（臺灣中油，無年代；台綜院，2002）。也就是石油主要業者在其石油專業上承認，包含丙烯在內的石油產品，都是油料，輸送這些產品的地下管線就是油料管線。這也與我們從網頁蒐集到的國際油品公司的說法，以及中油在事件後何以要公開當年為福聚埋管的資料：因為丙烯管既是石化管，也是油料管。這樣的專業認知更出現在石化工業區災害緊急應變的學術論文中，例如苯的儲槽即稱為「苯油槽」（見徐音培、鄭宏仁、何大成，2003：7）。

　　經濟部在爆炸後公開說，各工業區管理管線的依據，是依照

（資料來源：台灣中油，2014）

埋設地點的管理權，分屬經濟部、科技部或地方政府，並以各工業區的管理辦法或地方所繫的市區道路條例來管，經濟部不是所有管線的管理單位。同時該部也列出丙烯等石化管線應該屬於內政部消防署《公共危險物品及可燃性高壓氣體設置標準暨安全管理辦法》的管轄範圍（經濟部工業局，2014）。但是，仔細看工業局的文稿即可發現，丙烯並不是上述消防署《安全管理辦法》的管制對象，因為丙烯不是該辦法中指定的高壓可燃氣體（經濟部工業局，2014；中時電子報，2014，8月7日）。

反倒是經濟部在澄清管線責任時提供關於工業區管線管理的資

訊顯示，石化工業區原本就有對於工業區內道路管線管理的規定，經濟部所屬的工業區適用的是《經濟部工業局所屬工業區服務中心受理申請挖掘道路埋設管線作業要點》，而這個要點所說的管線，並沒有石化管，但有油料管。所以，李長榮丙烯管線在高雄市大社區通往該公司工廠的管段正是經濟部工業局的工業區，當時同意埋的管是石化還是油料，或者油料就是石化，石化就是油料呢？這個要點到2014年9月26日都還沒改，那末，氣爆後經濟部隨即說的《園區管理辦法》究竟是指什麼？與前述的道路管理相關的法規一樣，這個管理辦法的規定也是基於路面管理的需求而訂定的法規，不是基於管理地下管線的安全問題。

　　本文前面根據氣爆事件後，中央與地方政府從互責、無法可管、到一致同意未來採用的管線監督管理適法令與過程，以及石油業者對油管的澄清等相關資料之後，讀者應該可以清處看到一個事實，那就是沒有修改任何法令之下，直接採用既有的地方法令，對現有、以及未來的石化管線進行監督、管理仍有疑義。

　　誰最有能力面對目前的法令空窗期，從事包含石化在內的油料管線降災整備與準備的工作呢？前面的資料整理顯示，即使現在的石油管理法把丙烯等石油產品特別排除於《石油管理法》之外，但是基於前述石油產業界的專業、技術認知與實務，這些石化管線就是油料管線。再者，經濟部因為《石油管理法》的職責，必需設有專業檢查事業單位管線等設備的人力與能力，也可以委請所屬機關辦理，而該部同時也早已制定《石油業儲油設備設置管理規則》，石油設備所有者要對包含油料進、出在內的設備，有災害準備整備與應變的要求，內容涵蓋安全管理計畫、訓練及消防防災計畫、緊急應變計畫、監巡制度、油槽存量紀錄、油品輸儲品管制度

等。而且這些計畫與制勿需經過地方政府核准。這才是地方政府能夠真正進行管線管理監督的法源：要求廠商制定與送審管線維護、管理、操作以防災應變計畫與制度。若是採用道路管理條例等相關法規，完全沒有種災防體系管理監督的架構，地方政府與中央的內政部都必需再另求制定相對應的條文。所以，由經濟部擔任災防的總指揮，由其他部門配合，是較有效率的設計。實務上我們也可以看到，在中央與地方達成油料管線由地方負責監督管理的共識後，真正進行這些工作的不只是地方政府，經濟部以協助之名，帶領中央相關主管機關，會同地方政府的業務與安全主管機關、業者與專家，進行管線監管活動（經濟部工業局，2014：8月15日）。這符合我們所主張的方向，因為經濟部有人力、能力、權力進行管線監督管理，所以仍應該由經濟部擔任管線監督管理的中央主管機關，而不應該由人力與能力相對嚴重不足，又缺乏實務經驗與石化業主管權限的內政部消防署來監督管理未來的管線。

這些安全管理與應變等規畫必須交給地方政府核准。也就是說，地方歸管理規則例如李長榮化工在高雄林園的液化石油氣儲槽攙加不應有的二甲醚，經濟部透過抽檢發現而對其開罰。就曾經對瓦斯管線設備立法過成來看，也是如此，既有法令的管線用詞是以「油料管線」為主，這個法定名詞明確列在《災害防救法施行細則》第2條第2款的「石油業之管線」（經濟部，2010：2），自2001年制定施行以來迄未修改。巧合的是，2001年制定的石油管理法出現「石油管線」一詞時，立法委員在草案的關係文書中就特別指出，管線埋設單位必須負責回復路面平整（立法院，1998：476；立法院，1997：報335）。這個立法理由與中央的道路條例以地方的挖掘管理條例之精神並無二致。要注意的是，這些條文，更

有因油管運輸所生的工業災害之考量（立法院，1997：報337），甚至明列管線的埋設、管理與應變要求（立法院，2014）。因此，如果地方政府在這樣的立法精神下，既是管線監督管理的政府機關，經濟部更責無可旁貸地必須負起中央政府監管的責任，否則，往後的災害防救若如經濟部能源局說的，災害防救法中的油料管線不是石油管理法中的將循此無法可管的例子，再度出現互推責任的窘境。

結論：石化管線就是油料管線才能保障基本人權

　　這次因為高雄氣爆造成公眾生命、財產、健康等多項權利的喪失或損害，引發肇事管線沒有法定機構進行安全性監管的積弊。雖然經過社會輿論和產、官、學的討論之後，中央與地方都同意，油料管線不是石化管線，所以採用地方的道路挖掘相關條例與法規進行監管這類管線就足夠降低未來災難發生的可能性。

　　但我們考察了政府部門法令、民間主要石油企業的慣習、以及實務上政府部門災防應變架構責任區分下的因應能量等因素可以知道，在所有石化管線尚未選擇更安全的路線重新鋪設之前，就災害防救的科層架構與實質能力來看，我們認為事故發生迄今，將石化管與油料管做區分是危險且不恰當的，他們都是油管，《石油管理法》知道這件事，但為了管制特定的油品，而逐步在該法中把石油與油品定義限縮，並據此應用到災防架構中，認為公用氣體、油料管線不包含丙烯等，以致無法管這些管線；而消防法規中的危險高壓氣體亦未將丙烯列為管理對象；道路挖掘相關的法令雖有包含管線，但其原立目的並不是以油料管線的安全為主，主管機關本身亦

因此而不具備災害防救計畫之編撰與操作職責;從都市計畫法的安全角度來看,也是如此,部安全的管現已經在住宅區的道路下面,在無法立即移除的情況下,中央的內政部營建署也沒有能力、人力對公用道路下方的油料管線等進行降災與應變的準備整備工作。

而石油煉製業者的慣習顯示,不論是黑油管還是白油管,不管是否輸送丙烯或其他油品,在專業技術與認知上都是油料管。煉製業者透過油管輸送生產出來的油品至下游的石化廠商也是業界長期來的慣習。

執是之知,最經濟有效的方式應該是由經濟部以其現有的多重法定角色,主動在災害防救法施行細則或是石油管理法將油料管線增列包含由石油業者輸出至石化業者的油料管線,如此,才能使油料管線的監督與管理,可以在現行災防架構中更加穩固定進行降災與應變的整備、準備。

參考文獻

自由時報，2014a，〈高雄氣爆〉丙烯誰來管？經部推政院〉，8月5日。http://news.ltn.com.tw/news/society/breakingnews/1073893

自由時報，2014b，〈石化管線政府不管經部竟要業者「自主管理」〉，8月5日。http://news.ltn.com.tw/news/focus/paper/801874 IRGC, 2006

范振誠，2013，〈2012年第四季及全年時化產業回顧與展望〉，ITIS智網，2月23日，工研院IEK。

聯合晚報，2014，〈政院：高市府對地下管線知情〉，8月5日。

王瓊蘭，2014，〈高雄氣爆事件〉，《龍騰化學：科學大事紀》，龍騰文化。http://www.lungteng.com.tw/LungTengNet/HtmlPopUp/web/PopUp_20140822/pdf/%E7%A7%91%E5%AD%B8%E5%A4%A7%E4%BA%8B%E7%B4%80（%E5%8C%96%E5%AD%B8）_%E5%AD%B8%E7%94%A8%E7%89%88.pdf

經濟部，2014，《公用氣體與油料管線災害防救業務計畫》，經濟部。

聯合報，2014，〈高雄氣爆／毒災應變隊5人受傷7人留守〉，8月1日。http://udn.com/NEWS/BREAKINGNEWS/BREAKINGNEWS2/8843245.shtml。

新頭殼，2104，〈管碧玲爆料中油非法埋設11條私人管線〉，8月6日。http://newtalk.tw/news/2014/08/06/50065.html

臺灣中油，2014，〈針對79年高雄管線更新埋設，中油提出說明〉，8月7日，http://www.cpc.com.tw/big5/news/index01_noprint.asp?sno=4669&pno=158%20&%20title=’%A4%CD%B5%BD%A6C%A6L’。

翁裕峰、尤素芬，2010，〈環境倫理與職業安全衛生管理系統〉，《政大勞動學報》，26期，頁49-90。

ILO, 2003, *Guidelines on Occupational Safety and Health Management Systems (ILO-OSH 2001)*, ILO: Geneva.

SGS, 2008a, *The Route to OHSAS 18001*, UK: SGS.

DNV，2007，《OHSAS 18001：2007職業安全衛生管理標準》，網址：http://www.dnv.com.tw/Binaries/OHSAS%2018001%20-2007%20DNV%20final_tcm53-261999.pdf。2008/07/18

行政院勞工委員會，2007，《臺灣職業安全衛生管理系統指導綱領總說明》，臺北：行政院勞工委員會。

新頭殼，2014，〈丙烯業者批李長榮化工外行害死人〉，8月3日。http://newtalk.tw/news/2014/08/03/49938.html

東森新聞雲，2014，〈氣爆的管線檢測李長榮推給中油中油推回去〉，8月4日。http://www.ettoday.net/news/20140804/385677.htm

華夏經緯網，2014，〈3幫兇2引爆點轟垮高雄〉，8月7日，http://big5.huaxia.com/jjtw/dnsh/2014/08/4016263.html

三立，2014，〈狸貓換太子中油埋油管竟變成石化管？〉，8月6日。http://www.setnews.net/Mvnews.aspx?PageGroupID=11&NewsID=34136

李長榮化工，2013，《Milestones:大事記》，http://www.lcygroup.com/lcy/tc/milestones.asp

聯合報，2014，〈政院：高市府對地下管線知情〉，8月5日。http://udn.com/NEWS/NATIONAL/NATS5/8850988.shtml

臺灣中油，無年代，〈煉爐熬油寓神奇─原油煉製〉，《石油教室》。http://www.cpc.com.tw/big5/content/index01.asp?sno=186&pno=108

黃進為，2007，〈第二章臺灣石化上游工業的發展與政策變遷〉，《轉變中的臺灣石化工業》，臺北：秀威資訊。

莊煒志，2010，〈固定污染源空氣污染管制教育訓練行業製程特性〉，http://stationary.estc.tw/public/Data/36109535871.pdf

經濟部能源局，2014，〈經濟部已建置石油及天然氣圖資系統落實油氣管線安全管理〉，8月4日。

立法會，2012，《2012年危險品（適用及豁免）規例》，立法會：香港。http://www.legco.gov.hk/yr11-12/chinese/subleg/negative/ln055-12-c.pdf

Dow, 2010, Product Safety Assessment: DOW™ Propylene, Texas: The Dow Chemical Company. http://msdssearch.dow.com/PublishedLiteratureDOWCOM/dh_07f3/0901b803807f335e.pdf?filepath=productsafety/pdfs/noreg/233-00236&fromPage=GetDoc

Gas Innovations, 2008, Propylene-The Innovative Fuel, *Products & Services*, Texas: Gas Innovations Ltd. http://www.gasinnovations.com/products/propylene

Engineering ToolBox, 無年代, Combustion and heating values of fuel gases-acetylene, blast furnace gas, ethane, biogas and more-Gross and Net values, *Fuel Gases-Heating Values*. http://www.engineeringtoolbox.com/heating-values-fuel-gases-d_823.html

華夏經緯網，2014a，〈臺「工業局」：榮化並福聚管線非「幽靈」〉，8月5日。http://hk.huaxia.com/xw/twxw/2014/08/4013857.html

華夏經緯網，2014b，〈臺「行政院」：高雄市府對地下管線知情〉，8月5日。http://big5.huaxia.com/xw/twxw/2014/08/4013746.html

立法院，1998，立法院公報委員會記錄，87卷13期2962號下冊，423～473頁。http://lis.ly.gov.tw/ttscgi/lgimg?@871303;0423;0473

立法院，2003，立法院公報委員會記錄，92卷24期3298號上冊，1～26頁。http://lis.ly.gov.tw/ttscgi/lgimg?@922401;0001;0026

臺灣中油，2014，〈油品價目：「石化特定用途」參考牌價表（含稅）〉，臺灣中油，

10月2日。http://new.cpc.com.tw/division/mb/oil-more1-12.aspx

臺灣中油，無年代，〈四通八達輸油網─油管與泵站〉，《石油教室》。http://www.cpc. com.tw/big5/content/index01.asp?sno=198&pno=108

台綜院，2002，《公用事業民營化與公用管線使用管理之研究》，臺北：行政院經濟建設委員會。http://www.ndc.gov.tw/dn.aspx?uid=4834

徐晉培、鄭宏仁、何大成，2003，〈緊急應變指揮系統〉，2003安全衛生技術輔導成果發表會暨論文研討會，2003/12/02，臺北。

中時電子報，2014，〈丙烯無法可管？可燃高壓氣體法定內政部管〉，8月7日http:// www.chinatimes.com/newspapers/20140807000229-260205

經濟部工業局，2014a，〈高雄氣爆事件Q&A〉，8月7日。https://www.idbma.org.tw/Up-File/News_/upload/845/%E9%AB%98%E9%9B%84%E6%B0%A3%E7%88%86QA%5 b1%5d.pdf

經濟部工業局，2014b，〈經濟部「協助地方政府加強地下工業管線維護管理計畫」第1次聯合查核結果－中油林園廠輸至仁大工業區中石化廠4吋丙烯管線〉，8月15日。 http://www.moea.gov.tw/Mns/populace/news/News.aspx?kind=1&menu_id=40&news_ id=38409

經濟部，2010，《公用氣體與油料管線災害防救業務計畫》，經濟部。

立法院，1998，〈立法院第三屆第四會期第三十次會議議案關係文書〉，院總第1053號。

立法院，1997，〈立法院第三屆第四會期第十九次會議議案關係文書〉，院總第1973號。

立法院，2014，〈石油管理法修正沿革──依日期先後顯示〉，臺北：立法院。 http://lis.ly.gov.tw/lgcgi/lglaw?@90:1804289383:f:NO%3DE01981*%20OR%20 NO%3DB01981$$11$$$PD%2BNO

註　釋

【1】 根據洪文玲（2014）引用的資料顯示，福聚可能是台聚。〈新典範〉，《永續發展之痛》，五南：臺北。

結論

第十三章

鉅變，臺灣轉型怠惰與轉型遲滯之危機

周桂田

臺灣面臨鉅變，我們是否應該停下來思考，什麼是我們要的社會？

一、政府治理轉型怠惰、企業轉型怠惰及社會轉型怠惰

臺灣面對的系統性風險，拉回這次高雄石化管線氣爆事件來看，歸根究柢就是面對全球化氣候變遷下經濟、能源與社會發展挑戰之「轉型怠惰」，包括**政府治理轉型怠惰、企業轉型怠惰及社會轉型怠惰**。從國家治理來看，我們把石化業當成一個很重要的產業，卻嚴重輕忽風險，缺乏對化學災難的緊急處置，風險管理是放任的，二、三十年來丙烯管線竟然沒有人管理，消防法也沒有把丙烯納入，更無專屬的管制機構，這是非常荒謬的。

同時，這次高雄氣爆，背後的結構是唯經濟發展主義，企業長期便宜行事、隱匿風險，且缺乏社會責任、欠缺創新、轉型的驅力；這與國家治理有關。國際上朝向環境友善、以人為本的綠色經濟趨勢顯示，風險與環境管制愈強的國家如歐盟、德國與北歐國家，產業愈有競爭力。因為產業不但要汙染防治上要想辦法升級，同時在嚴格的環境管制驅動下，會往產品高質化及技術創新的方向走。其發展下來的結果是，其製程之環境汙染降低，並且產品在國際上更符合消費者綠色、安全潮流，且更有競爭力。事實上，這樣的案例不勝枚舉，本土產業上可以去看看正新輪胎的前瞻佈局。

但我們長期處於政府治理轉型怠惰，在自由經濟的迷失下一路鬆綁管制，三十年來不但造成嚴重的環境汙染，也牽連到各種食物鍊（如戴奧辛、汞、重金屬）汙染，甚至塑化劑、毒澱粉、銅葉綠素等工業添加物摻入食品或混油、餿水油甚至飼料用工業用油混為

食用油等，連帶造成產業轉型怠惰，甚至，產業昧於良心，大發利潤。

另外，公民長期受環境汙染所苦卻隱忍，雲林麥寮附近汙染多，但近幾年人口卻增加近一萬人，有民眾說「反正住遠一點也受到汙染，住近一點還有工作」。這是「破碎的風險個人化」悲哀。

破碎的風險個人化，打碎了資本主義表象倡議的小確幸，赤裸裸的，每一個人直接承受風險，因為國家治理怠惰、企業轉型怠惰，民眾必須承受這麼多汙染、震撼與不安；整個社會好像還停留在二十多年前落後的、自我犧牲的環境與經濟生活品質，社會無法自我提升而面臨轉型的困境與遲滯，也因此喪失對國家治理的信任。

臺灣社會已經到達一個臨界點，經濟、社會運作已經逾越了道德的基準。過去我們為了拼經濟視而不見嚴重環境、健康、勞動、族群正義，而得過且過的經濟與社會生產模式，在爆發這些驚人的風險事件與災難後已經反身性的呈現，社會轉型的敵人就是自己、產業與政府。

今天臺灣最嚴重的就是轉型危機，與轉型怠惰與遲滯的信任危機。

二、決心之戰：石化業轉型

日本在1970年代也面臨臺灣今天的問題，因為空汙、災變，所以把低階的石化廠外移，留下高階石化廠。臺灣能源原料98%從國外進口，但石化原料的提煉卻需要大量依賴能源原料，因此，我們今天若將這次氣爆當成重要的產業轉型轉捩點，就要認真思考我們

要發展什麼樣的石化業。高值化的石化產品基本上大量降低對乙烯的依賴就是重要的思考方向。同時，我們也要重新思考是不是要用這麼多的石化產品，石化業耗用太多能源，有一天會耗用完畢。

目前臺灣仍處於「褐色經濟」，不是「綠色經濟」，因為過去的轉型怠惰，加上社會沒有能力強力監督，使得褐色經濟延續下去，並呈現「掠奪性資本主義」。以這次氣爆事件為例，企業賺了這麼多錢，還用中油的輸油管偷運丙烯，造成這麼重大的傷亡後，卻推說不是他管的，只要賺錢，不要負擔責任。這樣令人摒棄的企業社會責任，就像國際半導體大廠日月光偷排廢水，如何能單面向的期待其產業轉型與自主管理呢？

2011年行政院科技顧問組會議結論，臺灣要從效率驅動轉向創新驅動，從這個角度我們來看石化業轉型。根據主計總處的資料，2012年石化業總產值約1.89兆，生產毛額2,404億元，占GDP（國內生產毛額）僅1.6%，就業人數約八萬人；若廣義來算，加上中下游產業，其總產值為2.54兆，生產毛額3,896億元，也僅占GDP2.59%，而就業人數約三十二萬人。

但相對的，石化業耗用能源材料占全國約26%，臺灣是能源匱乏的國家，必須進口許多原油來提煉為輕油，做為石化最上游的原料，更何況政府長期對包含石化業的產業能源成本補貼。這從長遠的經濟戰略上非常矛盾，也不利於經濟安全。許多政府機構或智庫喜好誇大石化產業的數據，連煉油與煤製品都加入計算而宣稱其總產值到達四兆，占GDP接近4%。這是相當落後的製造業思維。試想，缺乏能源的國家，竟為了提煉乙烯而附帶生產出大量的石油並出口；而煉油業是有利於臺灣那個地方的經濟成長，還是只是對單一企業有利？

　　以台塑爲例，其近七成的石油出口，這是荒謬的政府能源價格補貼的不正義、經濟的不正義。在這種嚴重錯置的製造業佈局下，許多媒體也不知從什麼政府機構拿到數據不斷誇張的複述這個產業占GDP達12或13%以上或更高。一個嚴重缺乏精確分析的政府經濟機構，不但欺上瞞下，以維護現狀發展的GDP中心主義來袒護落後思維的石化業，更將阻礙我國石化業在全球的競爭力。更何能夸夸要從製造效率轉向創新驅動經濟模式？

三、掠奪性資本主義：環境成本嚴重外部化

(一)面對國際氣候變遷公約制裁

　　轉型怠惰、延續此種高耗能、高排碳的經濟生產模式，臺灣將面對國際氣候變遷公約的制裁威脅。

　　從氣候變遷的觀點來看，全臺二氧化碳排放從一九九七年一直往上升，目前一年2.5億噸；2010年CO2人均排放量升高至11.53噸，排名更提升至全球第16名，而在5百萬人口以上國家臺灣更名列第六。也就是說臺灣遲早面臨國際氣候變遷公約的制裁，這是相當嚴重的經濟安全問題。另外，我們2012年電力碳排放係數○·五三六公斤二氧化碳當量，遠遠高於與我們競爭的日本、韓國。我們產品的碳排放係數太高，造成碳足跡太高，將不利競爭，甚至無法出口。

　　根據我們的長期研究，近十七年來臺灣石化業帶動化工業排碳，化工業帶動工業部門的排碳，工業部門帶動全臺二氧化碳排放。也就是石化業爲驅動臺灣CO_2排放的主因。而其造成國際制裁

的經濟風險卻由全體的產業來承擔，這非常不公平。因此，政府的石化產業佈局要盡快朝向高值化進行，配合我國電子、半導體、綠能與傳產的優勢，十年內達到全球經濟戰略目標，並可大量的降低 CO_2 排放。

(二)高汙染與高健康風險

　　環境成本嚴重外部化，也是轉型怠惰的結果。長期以來，石化業將環境成本轉嫁給社會。根據WHO（國際衛生組織）2013年公布的資料，扣掉中國，全球PM2.5（細懸浮微粒）前十名最嚴重汙染的城市，臺灣就名列三名，其次序為嘉義市、高雄市及馬祖，這是另一種社會發展的風險震撼。長久以來，我們一直以為臺灣已進入工業已開發國家之林，而生活水準也提升至一定程度，這個細懸浮微粒嚴重汙染的揭露，顯示我們生活與健康品質不堪一擊，為全球的後段班。

　　同時，近來本地許多公共衛生的研究顯示，石化廠邊周遭的社區居民承受高出於一般人的致癌健康風險，而這個問題政府一直視而不見；經濟部工業局甚至夸夸其言宣稱相關學者研究顯示石化業空汙與居民健康風險無明確證據或直接關連。袒護與欠缺國際上重要的預防性原則視野，當然就是治理轉型與產業轉型怠惰的元兇，其當然毫無競爭力。

　　從風險社會的角度來看，這個問題會像高雄氣爆一樣，一直遲滯、隱匿甚至不作為，累積的時間炸彈一旦引爆會愈來愈巨大。

(三)高耗水

　　除了高耗能、高空汙健康風險之外，目前的石化業生產模式

導致高耗水的環境資源爭議。例如集集攔河堰每天要輸三十多萬噸水到六輕，其與國光石化大肚攔河堰爭議、中科四期搶水衝突等，也都涉及了與農村永續與國家農糧安全的問題。而農民為了水源挖井，也導致高鐵地基地層下陷危機。

要改變此種耗水或與農民搶水、農村不永續的經濟生產模式，一方面要思考石化產業的轉型，降低耗用大量水資源，另一方面要創造工業用水的運作系統，不與民爭水。如新加坡裕廊島石化專區創造工業用水回收再循環的「新水」。

(四)風險分配與環境正義

石化業耗用這麼多能源與環境資源，這是經濟不正義；危險石化管線進入高雄市區及商業區是非常荒謬的，這是環境不正義；製造這麼多空汙，也是世代不正義。

二〇〇五年美國紐奧良發生卡翠納颶風（Katrina hurricane）災難，同樣的也是暴露高度的風險分配與環境正義之結構性扭曲問題。長期以來，較為貧窮的市民與外來移民被擠壓到居住在離工業廢棄物、垃圾場較近的區域，當颶風來襲與暴雨帶來水患，迅速的帶出這些工業或垃圾場址的毒物，直接沖刷進這些區域的住家。

而卡翠納颶風災後的重建反省關鍵在於，人們思考是要「恢復並維持」（recovery for maintenance）原先的易造成洪水侵犯的都市設計結構，如沿海岸的觀光高樓實際上減低了水患的緩衝區功能，或「恢復以轉型」（recovery for transformation），改變原先的環境不正義居住位址結構與都市防洪設計思維。

而高雄石化氣爆後就是面對這個問題。過去因為威權政治結構下都市化與工業化並行，而發展出石化危險管線進入市區；此種

歷史結構造成的環境不正義與生命財產之風險威脅,在這次氣爆事件後一覽無遺。同時,低度與放任的環境管制,也長期造成高雄後勁、大林蒲、大社等地居民高度的健康風險威脅。

對比全國的經濟生產利益,此種雙重的環境不正義與健康威脅卻由高雄人承擔,亦即,雙重的風險分配問題,需要重新審視。無論是管線、空汙問題,對於高雄人都無法接受災後恢復並維持,而需要正視如何重新規劃新的都市藍圖、低汙染的產業環境與民眾可以接受的參與式環境監督與治理。

而更宏觀的是,就國家層級面上的產業轉型、符合永續與朝向具有國際競爭力的技術創新與研發,並且政府環境治理與管制的嚴格配套,特別是加入公民團體參與及監督的管制運作模式。

四、轉型力道有多大:研發創新比例?

面對這麼多的結構性挑戰,包括外部中國石化業產能過剩、大規模複製與取代臺灣石化產品,以及內部的各種能源、環境、水資源、健康與氣候變遷公約威脅等,事實上,臺灣的產業面臨了關鍵性的時刻。

不轉型,等著被取代。轉型,需要政府治理管制層級的提升、產業進行驅動創新研發誘因的配套。

臺灣石化業一定要轉型,轉向高附加價值。因此,不只要轉型,而是轉型力道有多大。一旦產業模式改變,就會像德國、日本的化學產業生產、創新與引領競爭模式,不用耗用這麼多能源,也不需產生這麼多的排碳、導致全國產業受國際制裁的風險、也不需要用這麼的用水;過去二、三十年來,沒有嚴格的環境及風險管

制，企業不用轉型就荷包賺滿滿，造成嚴重的轉型怠惰與遲滯。

國光石化的爭議，經濟部找業者協調，業者說「我們是國中生，一下子要念博士班哪有可能」，但國中放牛班讀了二十幾年了，也應該要進步，所以思維一定要改。

今年巴西世足賽，臺灣贏在更衣室，用保特瓶做的環保運動衣被廣為採用，這就是高質化的石化產品。石化業要有國際競爭力，應轉向高附加價值的產品，低階石化產品中國都在做，東南亞也開始要做，有什麼競爭力？高質化石化產品不需耗用這麼多能源，也不會產生這麼多空汙，如果管制得好，會是一個有競爭力的產業。

我們應該把高雄氣爆事件視為跟九二一大地震一樣的重大事件，透過這個事件來讓整個國家經濟、社會徹底轉型，找出下一步能跟全球競爭的創新、低碳產業。但很多政府官員缺乏這方面的戰略思維，認為製造業如此發展GDP才能成長，其實德國從二○○四年以來排碳量是一直下降的，但GDP一直成長；另有一個理論是，當一個國家的國民所得達到一萬美元時，GDP就已經跟排碳脫鉤，我們不應停留在褐色經濟的思維模式。

五、建立風險治理之預防性原則

(一)建立預防性原則

臺灣石化業發展這麼久，經濟部卻推說不是主管機關，法令有嚴重的疏漏，也沒有專責的機關。從風險治理的角度來看，石化業是現代科技產業，有這麼多管線、複雜的設備，設備老舊、管線腐蝕或人為操作失誤等，都有可能產生致命的危機，即使有嚴密的風

險評估，都還會有看不到的系統性盲點，所以一定要用風險預防性的原則看待此事。

(二)資訊透明與風險溝通

石化業的管理，廠商跟政府都有責任，民眾則有選擇的權利。面對一個高危險性的管線或產業，民眾有權利要求資訊透明化，並參與產業去留的決策；這次高雄發生這樣的事，未來都市計畫更新要跟民眾溝通，溝通後達成共識，再來發展都市的新樣貌。

過去高雄工業化及都市化同時進行，讓危險管線經過市區，現在管線要慢慢外移，成立專區。訂定專法部分，現行的消防法可能無法處理，消防法的主管機關是消防署，對於危險化學物質有沒有能力處理是個問題。訂定專法之後，應成立專責機構，該機構要跟石化專區的地方政府密切配合，派駐在地方。

現在中央規劃高雄南星計畫區為石化專區，一定又會有不一樣的聲音，因為過去都管制不好，即使設專區可能還是會反對，這是長期欠缺風險溝通的結果，也就是我一開始所說臺灣的危機為信任的危機。最新的風險治理典範相當重視與市民的風險溝通、民主參與及對話，即使要規劃專區一定除了和業者溝通之外，一定要和當地的居民、公民團體或學者們充分溝通，包括產業模式、環境成本、社區補償或遷移，千萬不要再發生當年紅毛港抗爭十餘年巨大的社會成本。以目前的發展，設立專區面對的各種問題如果能讓更多的利害關係人參與，大家共同坐下來共謀決策，將是一個全新的社會學習與治理轉型。希望這次能成為臺灣政府、產業與社會三贏的局面。

六、結論

　　整個來說，這次高雄氣爆事件凸顯政府特別是技術官僚研究需要新的風險治理思維，缺乏預防性原則的風險評估機制、隱匿市民風險資訊與溝通、放任的風險管理、驕傲與不負責任的企業，都是早晚引爆氣爆的結構性因素。這個城市需要重建與重生之政府與公民參與的意志，這個國家需要徹底進行治理轉型、產業轉型與社會轉型的意志。

附錄

簡單答覆經濟部函

周桂田

　　首先要肯定經濟部對學界建言石化產業轉型之回函（經授工字第10302804530號），以及基於實證研究進行對話之專業誠意，足見我國政策能夠廣泛進行專業討論，並與民間進行溝通之良性循環，期待未來政府之重大政策亦能尊重多元專業並充分與民眾事先溝通、實踐參與式民主，相信能對我國發展有實質之幫助。並要強調，本中心與研究同仁之建言與發表，乃以專業知識針對目前產業之問題提出建議，盼能推動政府、產業與民間重視這些地方，共同研議出最適當的解決之道。

　　因此，本人針對貴部回函，亦相當重視，詳參內容後，對於其中專業討論部分，仍有疑議，希我國未來石化產業乃至於整體能源、環境與經濟環環相扣之政策，能針對這些議題廣納專業進行研究，釐清這些爭議，並與民眾充分溝通後制訂對我國最有利之發展政策。

　　首先，目前石化產業政策之評估，經常落入「效益盡量擴大、成本盡量少算」的迷思，此亦呈現在回函中。經授工字第10302804530號回函談到：

　　石化產業之產業關聯效果高，係已知原並帶動其他相關產業發展為主……間接帶動產值7.6兆元，間接帶動影響就業人口在27.6萬人至59.7萬人間……能源消費9,415千公秉油當量，占全國組能源消費8.2%（節錄）。

　　回函所謂石化產業關聯效果，經濟學上關聯效果其實牽涉到上游與下游產業發展，意即上游煉油業等與下游化學製品製造業、塑膠製品製造業等，在現代國家廣泛使用塑化材料情況下，自然我國

之出口產品甚至包括電子通信零組件與資通訊產品出口皆與石化產業有相當高程度關聯。然在計算能源消費時，石化業卻按照較嚴格之定義，即排除化學材料製造業中的人造纖維，且不含石化上游原料，此種計算方式將在方法論上產生高估之現象。換句話說，方法論上，計算成本效益時，雖然可以參考其關聯係數，但不宜擴大解釋了關聯係數的效應，關聯係數僅代表了兩產業彼此資源輸入與輸出的量，不能反應出其質，更不能完全反應出其實質的經濟效應。特別是，不能說整個產業關聯高，就間接帶動就業人口，把這些就業人口都歸功於石化產業的貢獻。

　　一個產業的獲利能力（競爭力），除了材料取得，更反應在人力、物力管理、研發能力等，國內外有關臺灣經濟成長知名研究，有從臺灣技術官僚能力、發展型國家自主性、從國際戰略角度等，未曾有認為石化「火車頭」乃主要因素。關聯係數之高，只意味著其連動關係巨大，政府、學界、產業、民間應更審慎看待其「牽一髮動全身」之影響，而非過度解讀其經濟效益。

　　簡而言之，原料成本僅是資本生產的其中一個因素而已，只有高度原料依賴性的產業原料會造成關鍵影響（例如礦業），但臺灣以高科技、資通訊加工、代工以及服務業為主的經濟結構，這些產業關聯的效應，是否應以石化產業關聯係數就評價其對臺灣經濟高度效應，值得更進一步研究。

　　應從全球化石資源（Fossil）戰略角度，而非耗能角度。化石資源（Fossil）乃地球從太陽蓄積的幾百萬年的能量，卻在近百年來被人類短暫密集的不斷釋放，甚至濫用，這就是這兩個世紀人類最大的問題。本研究基於嚴謹之實證方法與數據，掌握經濟部能源局2012/按照2007年IEA規範修訂另為配合溫室氣體排放量計算，能

源消費僅計算供燃燒之部分。意即,工業部門能源消費中包含石油腦及液化氣做原料,石化原料用之油產品納入非能源使(Non-Energy Energy Energy Energy Energy Use)。(請參考本書第一章圖六及相關說明)意即,按照化學上「燃燒產生能量」的定義,來界定能源消費;按照此計算,化學材料製造業2013年為10.2%,不含人造纖維業的經濟部石化業算法則為8.2%。

然而,化石資源(Fossil)的進口與使用,不能僅以「碳排」與「燃燒產生能量」這樣的視野來看。在IEA與能源局計算中「國內能源消費=能源部門自用+最終消費」,而最終消費事實上「包含了非能源消費」;亦即最終一國之總能源消費,仍然是從整體化石資源(Fossil)使用的角度而言,不管最後這些化石資源怎樣被運用,終究消耗地球資源。從科學角度而言,存在質能轉換這個律則,地球之資源消耗包含其有形質量與無形能量,固以「能源燃燒」以及「碳排管制」為目標,IEA之計算有其重要參考價值,然而從更宏觀的永續發展與國家戰略層次而言,必須同時以化石資源(Fossil)整體進口、使用(消費)來考量,否則將忽略極重要的事實,因此石化產業占全國能源消費之26%。

援此,研究同仁欲凸顯的是,全球戰略下,舉凡南海、東海、烏克蘭、中東所有衝突幾乎都與原油脫離不了關係。石化產業高度原料依賴性,加上臺灣幾乎無自產能源原料能力,且臺灣能源依賴度極高,(經濟安全與經濟戰略)環境脆弱性高(包括季風方向造成空汙背景值與細懸浮微粒滯留等、水資源等),在此背景下目前政府的「石化產業高值化推動」,雖肯定其用心與辛勞,亦有成效,但其實轉型急迫性,研究團隊仍認為現在的速度較為緩慢。

意即,從國家戰略自主性角度來看,能源進口高度依賴、出口

導向經濟結構，化石資源（Fossil）的進口與使用的依賴性，對國家戰略極為不利，反觀綠能產業，以臺灣既有的研發與系統整合能力，各界皆希望政府能盡力協助，扮演火車頭角色，綠能產業界卻經常反應苦等不到政府更積極作為，原因何在？國家之資源有限，按貴部回覆，102年度高值化產品投資達478億元，就算此投資能有5倍於投資之產值，也不過2390億元，僅占貴部提供102年石化產業產值2.02兆之11.8%。況且這還不是GDP，同時產值根本不可能達到投資的5倍，否則石化業之附加價值率不會如此低。政府應該針對整體石化產業實質產值甚至附加價值進行更深度的研究，研擬更積極的轉型政策方能推動石化產業轉型。否則就會像推動綠能產業一樣推動十多年再生能源政策，至今，不含水力發電之再生能源發電仍在2%以下。

　　近20年來CO_2排放量增加為116%到137%之間，年平均成長率超過4.9%。2008年人均排放量達11.47 ton CO_2，占第18名。2010年CO_2人均排放量升高至11.53噸，排名更提升至全球第16名；而在5百萬人口以上國家，臺灣更名列全世界排碳國家第六名（IEA 2012）。儘管將石化原料用，不計入「能源消耗」，臺灣高碳排的褐色經濟問題，依然沒有獲得解決。

　　應邀集多元專業制訂永續發展背景的整體發展戰略。若按照工研院石化產業年鑑2013區分石化產業上中下游之計算方法，基本上，按照嚴格石油化學定義，也就是工研院亦採取的最有明確邊界的定義，只有化學材料製造業，還要扣除掉基礎化學工業與人造纖維，其GDP從未超過3%，只有將「煉油業納入」才能達到將近4%的GDP比重。然而，目前經濟部門評估時經常將「關聯效果」，納入考慮，關於石化業到底怎麼算GDP，定義在哪，又標準何在？若

將煉油業算入石化產業，是否正當？但是如此計算是否能正確反應出臺灣石化產業的整體經濟戰略呢？進口成本真的會讓下游產業無法營運嗎？若上游材料、原料維持現狀或減產，對產業衝擊已經經過實證評估了嗎？如同前面所述，產業關聯係數僅能表達某產業與其他產業的高度相關，雖亦能反應其對產業的重要性，但並非唯一因素，甚至從我國最在意的WEF獲利能力（競爭力）來看，原料取得的成本並非最重要因素。因此石化產業高值化應該要有積極的時間表，目前的投資抵減等各種獎勵，不夠誘因，需政府以政策介入。

本研究中心強調臺灣「低碳經濟、能源、社會轉型」，意即希望臺灣能夠在多元專業下進行永續發展背景典範轉移，揚棄GDP中心主義，採納聯合國人類發展指數與各國永續發展指數等多元指標，作為我國整體發展戰略。

以石化產業而言，若決心朝向裕廊島（Jurong）模式，臺灣的季風與地形勢必要進行整體的環境影響評估，事實上，臺灣環境脆弱性高（包括季風方向造成空汙背景值與細懸浮微粒滯留等、水資源特性等），在地風險評估原本就需要相當多元專業，並且重視公民參與的決策，若於高雄外海建設海埔新生地，其政策執行的前中後都需要審慎的評估，並公民與專家應在每個步驟中充分參與。

期待政府廣納建言，不只是讓石化產業轉型優質化，我國也應該與全球趨勢接軌朝向低碳社會邁進，成為亞太地區指標，再創發展奇蹟。

國家圖書館出版品預行編目資料

永續之殤—從高雄氣爆解析環境正義
與轉型怠惰／周桂田等著. ――初
版. ――臺北市：五南, 2014.11
　　面；　公分
　ISBN 978-957-11-7909-4 (平裝)
　1.高雄　2.氣爆
　572.9　　　　　　　　　103022128

4J28

永續之殤—
從高雄氣爆解析環境正義與轉型怠惰

主　　　編 ― 周桂田

作　　　者 ― 周桂田、陳吉仲、趙家瑋、許惠悰
　　　　　　　莊秉潔、沈健全、杜文苓、蔡宏政
　　　　　　　歐陽瑜、洪文玲、詹長權、翁裕峰

發 行 人 ― 楊榮川

總 編 輯 ― 王翠華

企劃主編 ― 陳姿穎

編　　　輯 ― 邱紫綾

封面設計 ― 吳雅惠

出 版 者 ― 五南圖書出版股份有限公司

地　　　址：106台北市大安區和平東路二段339號4樓

電　　　話：(02) 2705-5066　傳　　真：(02) 2706-6100

網　　　址：http://www.wunan.com.tw

電子郵件：wunan@wunan.com.tw

劃撥帳號：01068953

戶　　　名：五南圖書出版股份有限公司

台中市駐區辦公室/台中市中區中山路6號

電　　　話：(04) 2223-0891　傳　　真：(04) 2223-3549

高雄市駐區辦公室/高雄市新興區中山一路290號

電　　　話：(07) 2358-702　傳　　真：(07) 2350-236

法律顧問　林勝安律師事務所　林勝安律師

出版日期　2014年11月初版一刷

定　　　價　新臺幣250元

※出版贊助：百略學習教育基金會與吾哈進
　　碧教育基金